# 패션 스타일, 셀럽의 조건

**리아나부터
해리 스타일스까지**

사라 데고니아 글

비쥬 카르만 그림

홍주희 옮김

KB199444

크르

# 목차

# 프롤로그

패션을 언어라고 치면, 스타일은 얼마나 그 언어를 유창하게 구사할 수 있는지를 의미한다. 이때 스타일을 다룸에 있어 조금만 상상력을 발휘하면 누구나 팬층을 보유한 아이콘이 될 수 있다.

이 책을 통해 1950년대부터 오늘날까지 우리에게 영감을 주는 '패션 피플' 50인을 소개한다. 여기에 비쥬 카르만Bijou Karman의 멋진 일러스트가 더해져 색다른 재미를 선사할 것이다. 이들을 다양한 측면에서 세세하게 살피며, 개인의 특징과 스타일의 핵심을 포착하는 것이 이 책의 목적이다. 이를 통해 그들이 개성을 가질 수 있었던 공통된 이유는 '자신만의 길을 갈 수 있을 정도로 두려움이 없었기 때문'임을 알게 될 것이다.

해리 스타일스Harry Styles의 화려한 슈트와 보아 깃털, 프리다 칼로Frida Kahlo의 멕시코 전통 드레스와 화관, 타일러 더 크레이에터Tyler The Creator의 너드 스웨터와 방한모자처럼 특정 아이템이 아예 그 사람을 상징할 때도 있다. 한 개인의 스타일이 대중의 의식 속에 너무 깊이 박혀 있는 것이다. 특히 아이리스 아펠Iris Arfel은 충격적인 백발, 시그니처인 오버사이즈 안경, 여러 겹 휘감은 목걸이, 독특한 코트로 25년이 넘는 세월 동안 디자이너와 박물관 큐레이터에게 영감을 주었다. 그는 100세가 넘은 나이에도 화려한 스타일을 뽐내며 주문을 외우고는 했다. "더할수록 멋지고 덜어낼수록 따분하다." 그 어느 때보다 지금 필요한 말이다.

사실 이 모든 것은 우리가 개인 스타일을 뽐낼 수 있는 황금기에 살고 있기 때문이다. 우리 모두 이미지가 거의 전부인 스크린 속 세상에 살면서 자신을 하루 종일, 일 년 내내 보여줄 수 있는 개인 미디어 플랫폼을 가지고 있지 않은가. 그러니 개성은 혈통만큼 중요하다. 더 나아가 온갖 콘텐츠로 가득한 환경에서 콘서트 무대든 줌 미팅이든, 자신을 어떻게 표현하는가는 무척이나 중요한 문제다.

멋진 스타일은 립스틱 색상을 바꾸거나 나만의 안경을 갖는 것처럼 간단하게 얻을 수 있다(예술인 후원자이자 상속녀인 페기 구겐하임Peggy Guggenheim도 이를 알고, 나비 모양 안경을 트레이드마크로 삼았다). 패션 디자이너의 도움을 받을 수도 있지만, 오늘날의 고급문화와 대중문화, 과거, 현재, 미래, 그리고 새로운 것과 오래된 것을 융합한다면 멋진 스타일은 비쌀 필요가 없고 오히려 저렴할 때 더 낫기도 하다.

키치한 연출의 왕인 존 워터스John Waters는 이렇게 말했다. "젊을 때 패션 디자이너의 도움은 필요 없어요. 여러분의 취향이 별로라도 믿어보세요. 동네 중고품 할인 상점에서 저렴한 옷, 즉 여러분보다 살짝 나이가 많고 가장 힙한 사람들 기준에서 유행이 막 지난 옷을 사보세요. 부모님이 아니라 또래의 심기를 거스르는 패션을 선택하세요. 그게 바로 패션 리더가 되는 지름길입니다."

특히 음악계에서 시그니처 룩의 필요성이 두드러진다. 그중에서도 엘튼 존Elton John은 과감한 안경, 현란한 다저스 야구 유니폼, 《크로커다일 록 Crocodile Rock》의 무지개 깃털 점프슈트, 그 외 수십 년 동안 선보인 요란한 의상으로 대중에게 이미지를 굳혔다. 〈페어웰 옐로우 브릭 로드 Farewell Yellow Brick Road〉 투어 때 팬들은 존을 따라서 입기도 했다.

그는 이렇게 말했다. "제 커리어 전체에서 패션은 매우 중요했습니다. 신경 써서 입고, 남들과 다른 모습을 보여주고, 즐기는 과정이 없었더라면 저는 결코 지금과 같은 아티스트가 되지 못했을 겁니다. 절대로."

빌리 아일리시Billie Eilish는 성적 대상화가 되는 젊은 여성 팝스타의 틀을 깨고자 자기만의 스케이터 키즈 룩과 몰 고트 스타일을 고수한다. 한편 리아나Rihanna는 임신 중에도 특유의 스타일을 유지하며 임산부의 이미지에 대한 오래된 고정관념을 뒤집었다.

패션 사업이 더 이상 디자이너를 주축으로 움직이지 않는다는 건 놀랄 일이 아니다. 패션 사업은 그 옷을 입는 유명인들이 주도한다. 구찌, 디올, 루이비통, 로에베 등 브랜드는 유명 인사들과 스타일 아이콘에게 캠페인과 콜라보를 제안하고, 함께 일하는 동안 그들의 천재성을 흡수한다.

구찌 크리에이티브 디렉터인 알레산드로 미켈레Alessandro Michele는 구찌를 떠나기 바로 직전까지도 개성을 디자인의 기본 요소로 삼았다. 정해진 테마의 런웨이 컬렉션을 보여주기보다는 다양한 레퍼런스를 혼합해 남자에게 할머니 옷을 입히고 여자에게 아동복을 입히는 등 무대나 길거리에서 어쩌면 볼 수도 있을법한 캐릭터를 선보였다.

많은 스타일 아이콘과 레전드가 그랬듯 미켈레도 의상과 일상복의 경계를 허물며 예상할 수 없는 것들을 즐겼다. '구찌의 첫 남성 콜라보 모델', 「보그Vogue」 첫 단독 남성 모델'이라는 타이틀을 가진 Z세데 젠더벤더The Gen Z gender bender, 해리 스타일스도 마찬가지다.

스타일스는 이렇게 말했다. "가끔 샵에 가서 여성복을 보면 저도 모르게 감탄하고는 합니다. 다른 상황에서도 마찬가지입니다. 여러분이 스스로의 삶에 장벽을 세우면 그저 자신을 제한하는 꼴이 되죠."

성별에 구애받지 않고 자유롭게 표현하는 지금은 개인 스타일의 황금기다. 이러한 배경의 이면에는 티모시 샬라메Timothee Chalamet 같은 반항아들이 있다. 샬라메는 2022년 베니스 영화제 레드 카펫에 하이더 아커만의 백리스 홀터넥 점프슈트를 입고 나타났다. 흘러내리는 붉은 실크 의상은 섹스 심볼의 전형적인 이미지를 깨부수기에 충분했다.

"일주일 예쁜 것보다 한 시간 동안 잘생긴 게 낫다."라고 말하는 틸다 스윈튼Tilda Swinton은 특정 성별로 분류되기를 거부하는 또 다른 스타다. 평범하지 않은 외모로 디자이너와 감독에게는 그야말로 카멜레온 같은 존재다.

실제로 이 책에 등장하는 아이콘 중에는 스타일을 자신의 비주얼 정체성으로 삼는 사람이 많다. 이들은 스타일로 아름다움을 표현하고, 더 나아가 예술 작품으로 확장한다.

프리다 칼로에게 있어 멕시코 티후아나Tijuana 전통 의상, 채색된 석고 코르셋, 보석, 꽃 머리 장식은 그의 미술작품과 동의어다. 교통사고로 인한 치명적 부상을 감추고 멕시코 문화유산에 대한 자부심을 보여주는 수단이다

예술가 쿠사마 야요이Kusama Yayoi는 물방울무늬를 캔버스에서 자신에게까지 확장했다. 턱까지 내려오는 시그니처 빨간 가발과 물방울무늬 드레스는 과거 패션 디자이너였던 야요이의 영리한 자기 홍보 방법이다.

전형적 미인에서 벗어난 이들이 스타일링에 특별한 재능을 가진 경우가 많다. 다이애나 브릴랜드Diana Vreeland는 전통적인 미인이 아님에도 불구하고 보그에서 미의 권위자가 되었다. 완벽한 단발머리, 빨간 립스틱, 빨간 네일, 긴 진주 목걸이, 커프 브레이슬릿을 패션 에디터의 전형적인 이미지로 사람들의 머릿속에 새겨 넣었다.

할리우드 의상 디자이너인 에디스 헤드Edith Head의 단발머리와 커다란 검은색 안경, 셋업 슈트 역시 너무나 유명해진 지 오래다. 이러한 요소는 애니메이션 영화인《인크레더블The Incredibles》에서, 슈퍼 히어로의 슈트 디자이너인 '에드나 모드Edna Marie Mode'의 권위 있는 모습을 보여주는 시각적 장치가 되기도 했다.

스타일리시한 개인의 이미지에는 강력한 힘이 있다. 그래서 화면에 커다랗게 등장할 때도, 이 책에서처럼 지면에 아름답게 설명되어 있을 때도 알아볼 수 있다. 이 책을 통해 다채로운 스타일의 면모를 즐기길 바란다.

# 웨스 앤더슨

Wes Anderson

**"제 스타일대로 할 땐 생각을 안 해도 돼요.**
**안 하던 스타일에 도전할 때만 생각이 필요하죠."**

웨스 앤더슨이 오언 윌슨Owen Wilson과 처음 만난 건 열여덟 살 대학생 때였다. "저는 철학과, 오언은 영문학과라 접점이 없다가 극작 수업을 같이 들었어요. 처음엔 작가 얘기를 하다가 바로 영화 얘기로 넘어갔죠. 저는 그때도 영화 일이 하고 싶었는데 오언의 생각이 어땠는지는 잘 모르겠어요."

앤더슨은 진로를 꽤 일찍부터 정했지만 윌슨은 자신이 코미디 배우로 대성할 잠재력이 있다는 것을 한참 후에야 깨달았다.

"둘이서 극본을 쓰기 시작했어요. 저는 늘 연출을 맡겠다고 했지만 윌슨은 연기할 생각이 전혀 없었어요. 아니, 윌슨은 생각이 있었지만 제가 몰랐을 수도 있고요. 아무튼 윌슨은 철저히 극본만 썼어요."

이후 두 사람은 각자의 방식으로 영화계에 진출했다. 앤더슨은 알프레드 히치콕Alfred Hitchcock, 스탠리 큐브릭Stanley Kubrick, 마틴 스코세이지Martin Scorsese, 장뤽 고다르Jean-Luc Godard 감독에게 영감을 받아 자기만의 스타일이 뚜렷한 유명 영화감독이 되었다.

"작품을 많이 했어요. 다 원했던 대로 결과물이 나오다니 운이 정말 좋았다고 생각해요."

앤더슨의 작품은 한눈에 알아볼 수 있을 만큼 특색이 뚜렷하다. 하지만 그의 스타일을 딱 하나로 명쾌하게 규정하기는 쉽지 않다. 물론 그걸 바라는 이도 없을 테지만 말이다.

"저만의 스타일과 목소리가 있다고 생각해요." 앤더슨의 연출 기법은 보석 빛깔과 차분한 자연톤을 오가는 색감, 레트로 감성이 특징이다. 세트장은 보통 촬영지에서 영감을 받아 제작한다.

"촬영지에서 다 함께 직접 생활하면서 실제 그 지역 제작사가 되어 봅니다. 이를테면 지역 소규모 극단이라 생각하고는 해요. 효과가 확실히 있넌데요."

의상은 카렌 패치Karen Patch, 카시아 왈리카 마이모네Kasia Walicka-Maimone, 오스카 의상상 수상자인 밀레나 카노네로Milena Canonero 등 여러 의상 감독과 작업하지만 앤더슨의 영화 캐릭터들은 하나같이 빈티지, 우스꽝스러운 오버사이즈 핏, 에클레틱 패턴 등 특정 스타일을 공통으로 보여준다.

"제가 만든 캐릭터들은 제 영화 아무 데나 걸어 들어가도 위화감이 없을걸요."

자신에 대한 관심은 꺼리는 탓에 개인 패션 취향을 딱히 강조한 적은 없지만 코로듀이, 클락스 왈라비, 뉴욕의 미스터네드 테일러 샵을 매우 좋아한다. 2021년 칸영화제 당시 《프렌치 디스패치The French Dispatch》를 최초로 공개하는 자리에서 시어서커 슈트에 니트 타이, 흰색 페니 로퍼를 매치해 강렬한 인상을 남겼다.

영화 의상의 경우 프라다를 포함해 여러 브랜드와 협업한다. 일례로 《다즐링 주식회사The Darjeeling Limited》를 촬영할 때는 여행 가방을 루이비통에 의뢰하기도 했고, 마크 제이콥스에는 주인공이 착용할 슈트를 의뢰해 제작했었다. 또 《스티브 지소와의 해저 생활The Life Aquatic》을 촬영할 당시에는 스티브 지소Steve Zissou가 착용할 신발을 아디다스에 맡긴 적도 있다.

앤더슨의 작품 속 의상은 이후 패션 컬렉션에도 큰 영향을 미친 듯하다. 2015년 출시한 알레산드로 미켈레Alessandro Michele의 첫 번째 구찌 컬렉션은 《로얄 테넘 바움The Royal Tenenbaums》에 영향을 받았다. 기네스 펠트로Gwyneth Paltrow가 극중 마고 테넘바움Margot Tenenbaum 역을 찰떡같이 소화하며 선보인 펜디 벨티드 밍크코트와 에르메스 버킨 백에 영감을 받은 것이다.

그렇다면 웨스 앤더슨 영화의 정확한 콘셉트는 무엇일까? 감독 본인도 정확히 정의 내리지 못한다. "생각할수록 더 모르겠는걸요."

# 아이리스 아펠

Iris Apfel

**"패션은 돈으로 살 수 있지만 스타일은 갖추는 겁니다.
그러기 위해서는 내가 어떤 사람인지 알아야 하는데,
그 과정은 보통 어느 정도의 시간이 걸리지요.
자기 스타일을 찾는 지침서 같은 건 없습니다.
다만, 자기를 표현하는 방식, 결국 태도가 중요합니다."**

아이콘, 전설, 스타일리시한 102세.

섬유 회사 대표, 의류학 교수, 자서전 『아이리스 아펠: 우연이 된 아이콘Iris Apfel: Accidental Icon』의 작가, 세계 최초 바비 인형의 모델인 아이리스 아펠은 지난 100년간 일과 열정을 통해 세상에 색을 입히고 즐거움을 불어넣었다. 누구도 흉내 내지 못할 패션계의 살아있는 역사라고 할 수 있다.

아펠은 1921년 8월 29일에 태어나 뉴욕 퀸즈에서 유년 시절을 보냈다. 이후 뉴욕대학교에서 미술사, 위스콘신대학교에서 미술 교육을 공부한 후 「우먼즈 웨어 데일리 Women's Wear Daily」에서 카피라이터로 근무했다. 1948년 남편 칼 아펠Carl Apfel과 결혼해 1950년부터 1992년까지 올드 월드 위버스를 함께 운영하기도 했다.

아펠을 설명하는 수식어를 단 하나만 꼽기는 쉽지 않다. 영부인 아홉 명의 백악관 인테리어를 (남편과 함께) 담당한 디자이너로 아펠을 아는 이들도 많고 IMG 모델 에이전시와 계약한 97세 모델로 알고 있는 이들도 있다. 제목도 마침 《아이리스Iris》인 다큐멘터리로도 유명하다.

2005년, 아펠은 메트로폴리탄미술관 의상연구소The Metropolitan Museum of Art's Costume Institute 큐레이터로부터 개인 소장하던 빈티지, 그리고 디자이너 액세서리와 옷으로 패션쇼를 열어보자는 제안을 받았다. 아펠이 마네킹을 직접 스타일링하면서 전시는 큰 성공을 거두었다.

"어떤 사람들은 제가 남들과 달라서 좋대요. 저는 획일적으로 사고하지 않거든요. 사람들은 현대 기술이 가진 최악의 단점에 발목 잡혀 있어요. 더는 상상력을 발휘하지 않는다는 거예요." 아펠은 90대의 나이로 케이트 스페이드, 알렉시스 비타, 맥 화장품의 모델이 되었고 시크한 디자인의 가전제품 컬렉션에 영감을 주었다. 아펠은 '매력적으로 무례하고', '현명하게 퉁명스럽고', '통제하기 힘든' 인물로 묘사된다. 그 위치에 오를 만 하다.

검은색의 커다란 둥근 테 안경과 오버사이즈 목걸이가 눈에 띄는 아펠의 인스타그램을 딱 한 번만 살펴봐도 그의 강력한 존재감을 단번에 느낄 수 있다. 과감함의 전형이자 빼어난 카리스마를 내뿜는 아펠의 패션관은 인스타그램 소개 글에 완벽히 요약되어 있다. "더할수록 멋지고 덜어낼수록 따분하다."

# 에리카 바두

Erykah Badu

**"제가 입은 옷이 소리를 내고 움직여서 음악을 만들어 낸다는 게 좋아요.
구슬이나 금속처럼 제가 사 모으는 것들은 저의 일부가 되고, 결국엔 저 자신이 되죠.
제 옷이 언제까지나 노래하기를 바라요."**

"음악은 제 인생에서 큰 부분이었어요." 달라스에서 나고 자란 에리카 바두(본명은 Erica Abi Wright)의 이야기다. "외할머니 집 화장실 라디오는 늘 켜져 있었어요. 친할아버지는 제가 일곱 살 때 피아노를 사줬죠. 어떻게 연주하는지 가르쳐 주지는 않았어요. 그냥 '자, 여기 피아노'하고 선물만 해주신 거죠. 피아노 앞에 앉았더니 제가 노래를 만들더라고요. 첫 주에 스무 곡 정도 만든 것 같아요."

바두는 90년대 후반, 네오 소울 장르의 여왕으로 등극했다. 1997년 인터뷰에서 "음악은 뭐랄까, 좀 아파요. 재탄생 중인데 저는 조산사 중 하나라고 생각해요."라고 자신의 생각을 밝혔다. 그리고 시간이 흘러 "1997년에 제가 무엇 때문에 그런 얘기를 했는지 잘 모르겠지만 어쨌든 저는 최선을 다했고 계속해서 발전했어요."라며 당시 인터뷰를 회상했다.

어린 시절, 음악에 일찍 입문했다는 사실은 바두 인생에 중요한 역할을 했다. 그리고 패션 또한 마찬가지였다. 그는 자신의 기억에 대해 이렇게 말했다. "패션에 관한 첫 기억이랄까 아무튼 패션에 영향을 제대로 받은 건 어린 시절이었어요. 늘 남들과 다른 것에 끌렸죠. 고등학교에 들어갔을 때는 다들 아방가르드 스타일 같은 것을 추구했어요. 곡을 쓰고, 노래하고, 그림 그리는 친구들을 보며 생각했죠. '오, 저런 걸 입는다고? 좋아' 자유로운 영혼이 되어 저를 표현할 자신감이 생겼어요. 애들은 각자 다른 옷을 입었고, 펑크 록이나 유럽, 일본의 영향을 받아 자기 옷을 직접 만들기도 했어요. 고등학교 때 그런 환경에 있다보니 영향을 많이 받았어요. 제 어머니도 꽤 스타일리시하고요!"

커리어가 성장할수록 바두와 패션의 관계는 점점 깊어져만 갔다. "제 옷장은 짐이 꽉 찬 방 같아요. 사서 다 모아두다 보니 그렇게 됐어요." 바두의 개인 컬렉션은 90년대 이후 줄어든 적이 없었다. 달라스 집에는 '큰 옷방 두 개, 작은 옷장 여러 개, 그리고… 창고'가 있다고 한다.

바두는 LA에 위치한 에이치로렌조 매장이나 뉴욕의 도버 스트리트 마켓 단골이다. 오스카 데라렌타, 발렌티노, 장 폴 고티에의 팬이기도 하다.

"저는 제 스타일을 잘 알아요. 제 체형에 뭐가 어울리고 피부에는 어떤 색이 어울리는지 알죠. 과감한 시도도 두렵지 않아요. 결국 창의력을 발휘해야 해요. 작곡을 하든, 춤을 추든, 영화를 만들든 다 마찬가지예요. 마치 제가 저를 지켜보는 관객이라 생각하는 거예요."

보디, CDLM, 이알엘, 디올, 발망, 라프 시몬스, 릭 오웬스 같은 브랜드와도 함께 일했다. 19세기 기법을 추구하는 LA 모자 제작자인 거너 폭스Gunner Foxx와도 협업했다.

"패션은 '기능성 예술'이라 생각해요. 저와 함께 움직이고 변하는, 제 기분에 따라 새로운 형태가 되는 예술이죠. 책 읽고 요리하고 머리를 만지는 방식 전부가 예술이고, 다 저를 기분 좋고 행복하게 만들어주는 아름다운 예술이에요. 특정한 무언가를 해야 한다는 의무감 없이 그냥 직관적으로 뭐가 더 아름다워 보이고 뭐가 더 아름답게 느껴지는지 알아요."

실제로 바두는 자신이 직접 발굴하고 존경하는 예술가, 디자이너, 장인과 협업해 2020년 바두 월드 마켓Badu World Market 온라인 샵을 열기도 했다.

"직업상 늘 무언가를 만들다 보니 음식, 패션, 교육, 예술 어느 분야든 창작이 기본 습성이 됐어요."

'퀸', '소울의 대모'로 알려진 바두는 정규 앨범을 다섯 장 발매하고 그래미상을 네 번이나 받았다. "젊은 아티스트들의 음악에서 저의 흔적을 느끼거나, 이들이 제가 쌓아온 것들에 대해 아무렇지 않게 감사함을 표현할 때면 저 별명들이 진짜구나, 실감해요."

바두는 발렌티노 시그니처 핑크색의 오버사이즈 모자와 바닥까지 내려오는 깃털 망토를 착용하고 발렌티노 패션쇼 런웨이에 올랐으며, 톰 포드 향수 모델로 활약하고 버버리 하우스 파티에서 디제잉을 선보였다.

바두는 앞으로 하고 싶은 게 많다. "제 버라이어티 쇼가 나오면 좋겠어요. 비공인 조산사 자격증을 취득하고 싶어요. 학교를 세우고 싶어요. 평화봉사단Peace Corps에 들어가고 싶어요. 미술을 더 진지하게 하고 싶어요. 제 아이들이 꿈을 이루도록 돕고 싶어요."

# 데이비드 보위

David Bowie

**"늘 패션에 심취했던 건 사실이지만 유행을 따라야 한다고 생각해 본 적은 없어요. 어릴 때부터 패션을 좋아했고, 물론 일할 때 필요하면 패션을 활용하기도 했지만 스스로 세련됐다는 생각을 해본 적은 없습니다. 단 한 번도요."**

지기 스타더스트Ziggy Stardust와 데이비드 보위 어느 쪽이든, 이 영향력 있는 영국 뮤지션이자 배우, 만능 예능인을 모르는 사람은 거의 없을 것이다.

본명은 데이비드 존스David Jones이다. 열세 살 때부터 색소폰을 불었고, 몇 년 뒤에는 다른 밴드들과 협주하기 시작하면서 데이비 존스 앤 로어 써드Davy Jones and the Lower Third 그룹의 리더를 맡았다. 그러나 몽키스Monkees의 데이비 존스Davy Jones와 헷갈리지 않도록 이름을 보위로 바꾸고 홀로서기를 시작했다.

첫 솔로 활동이 실패로 끝나자 불교 수도원에서 잠깐 일하는 등 음악 휴식기를 가졌다. 그러나 1969년 또다시 타오르는 열정을 외면하지 못하고 《2001: 스페이스 오디세이2001: A Space Odyssey》에서 영감을 받은 『스페이스 오디티Space Oddity』를 발매했다. 그때부터 보위의 커리어는 폭발적으로 성장하다가 1972년 『지기 스타더스트The Rise and Fall of Ziggy Stardust and the Spiders from Mars』로 새로운 정점을 찍었다.

지기 스타더스트의 괴상한 공상과학 의상은 보위가 한평생 패션계에 영감을 불어넣는 인물이 되는 기반을 닦았다.

그는 이렇게 말했다. "제게는 늘 인간 이상의 무언가가 되어야 한다는 불쾌한 욕구가 있었어요. 가끔은 스스로가 인간으로서 너무 초라하게 느껴져서 '젠장, 슈퍼맨이 되면 좋겠다'라고 생각했죠."

디자이너인 야마모토 칸사이Kansai Yamamoto와 프레디 부레티Freddie Burretti가 그 유명한 지기 의상을 제작하는 데 큰 역할을 했다. 보위는 그 70년대 의상을 '공상과학 락과 일본의 연극적 요소가 반반 섞인' 스타일이라 불렀다.

음반 제작, 새로운 음악 스타일 시도, 브로드웨이 진출 등 커리어가 쌓여갈수록 스타일도 발전했다. 앤트로지너스룩, 말쑥한 정장, 프레피 메이크업, 진한 마임 메이크업 등을 다양하게 시도했다. 앨범 표지 사진에서는 꽃무늬 드레스를, 《더 셰어 쇼The Cher Show》 뮤지컬에서는 멋진 쓰리피스 슈트를, 1990년대 투어에서는 알렉산더 맥퀸의 영국 국기 패턴의 코트를 소화해냈다.

"옷에 매료된 건 무대 위 캐릭터를 만들어 내기 위해서였어요. 만약 무대 밖에서 제가 연기하는 캐릭터가 되지 않아도 된다면 저는 길거리를 활보할 수 있을 만큼 제 기준 가장 평범한 옷을 입을 때 훨씬 행복해요."

《지구에 떨어진 사나이The Man Who Fell to Earth》와 컬트 클래식으로 불리는 《사라의 미로여행Labyrinth》 등 영화에도 출연했다. 1996년에 로큰롤 명예의 전당에 입성하고 2006년에는 그래미 평생 공로상을 수상하는 등 20세기 가장 영향력 있는 연예인으로 널리 알려져 있다.

"무대에 오르면 최대한 재미있고 훌륭한 무대를 만들려고 노력하는데, 그건 단순히 노래부르고 무대에서 내려오는 걸 의미하는 게 아니에요. 진정 관객을 즐겁게 하고 싶다면 배역과 하나가 되어야 해요."

# 톰 브라운

Tom Browne

**"제 옷을 누군가가 단순히 '좋아할' 바에는 차라리 진짜 싫어하는 편이 나아요.
앞으로 나아가고 싶다면 긍정적, 부정적 방식 모두 이용해
사람들에게 도전해야 합니다."**

톰 브라운은 노터데임대학교에서 경제학을 전공하고 비즈니스 컨설팅 업계를 잠깐 거친 후 새로운 길을 찾고자 LA로 이주했다. 90년대 광고 몇 편에 출연한 후 제작사 어시스턴트를 거쳐 리버틴의 디자이너인 존슨 하티그Johnson Hartig와 빈티지 의류를 재해석하기 시작했다. 스스로 창의력이 없다고 생각했던 탓에 오래도록 키워 온 꿈은 아니었다. 하지만 예전부터 생각해 둔 고풍스러운 회색 플란넬 스타일 슈트를 찾지 못하게 되자, 직접 만들기 위해 재단사 로코 시카켈리Rocco Ciccarelli와 협업하기로 마음먹는다. 브라운은 형제들에게 10만 달러를 지원받아 맨해튼Manhattan에 예약 전용 샵을 열었다. 딱 맞는 어깨선, 기장이 짧은 슈트 자켓, 발목 길이 정장 바지를 처음 본 사람들은 충격에 휩싸였다.

"'톰, 내가 뭐하러 그걸 입겠어? 심지어 네 몸에도 안 맞아 보여'라고 말하는 친구들도 있었어요."

패션계에 비전통적인 방식으로 진입했음에도 톰의 비전은 천천히 사람들의 마음을 사로잡기 시작했다.

"전 패션에 대해 그리 많이 알지 못하지만, 때로는 일부러 모르려고 해요. 배운 적도 없고 크면서 자연스레 접하지도 않았기 때문에 본능에 따라 디자인하면서 제 기준 흥미로운 걸 만들어 내죠."

방식이 어찌 됐든 결과가 좋았다. 지미 팰런Jimmy Fallon, 에리카 바두, 피트 데이비슨Pete Davidso, 미셸 오바마Michelle Obama가 톰 브라운의 고객이다. 그는 버락 오바마 대통령의 두 번째 취임식에서 미셸 오바마가 입을 의상을 제작하기도 했다.

"미셸 오바마라는 인물이 가진 에너지만큼 강인하고, 흥미롭고, 중요한 의상을 만들고 싶었어요. 제가 신경 쓴 건 그게 전부예요. 의상이 패션의 한 장면이 아닌, 영부인에 맞서는 존재가 되도록 신경 썼어요. 영부인이 대통령과 함께 내셔널 몰을 걸어가는 모습을 보고 엄청난 희열을 느꼈어요. 강인하고, 여성스럽고, 정말 근사했어요. 만족스러운 포인트가 많아요."

2011년에는 여성복 라인을 출시하고 슈트 외 남성복 라인을 확장했으며 수영복 및 아동복 등 다른 라인에도 진출했다.

"남성 컬렉션은 최대한 여성스럽고 여성 컬렉션은 최대한 남성스러우면 좋겠어요. 남자와 여자의 세상이 연결되기를 바라요. 저희 디자인 팀은 '예쁜 게 늘 그렇게 나쁜 건 아니에요'라고 하지만 저는 예쁜 걸 원치 않아요! 가끔은 못생겼으면 좋겠어요. 못생길 때 엄청 흥미로울 수도 있고, 뭔가 희한한 방식으로 예쁠 수도 있으니까요."

2022년, 그는 톰 포드에 이어 미국 패션 디자이너 협회Council of Fashion Designers of America 차기 의장으로 선출되었다. 20년 전에 특색 있는 남성복 라인을 론칭한 인물이니 분명 자격이 충분하다.

"가장 중요한 건 자신이 믿는 대로 행동하는 겁니다. 돈을 좇아 패션에 뛰어들지 마세요. 너무 단순하게 들리겠지만, 돈을 보고 시작하면 흥미로운 걸 창조해 내지 못하는 상업의 덫에 빠지게 돼요. 초창기에는 자신이 중요시 하는 걸 창작하기 위한 기반을 다져야 하는데, 상업적인 것에 몰두하면 그럴 수 없게 됩니다. 패션이란, 너무 개인적이고 사적이어서 보편적으로 절대 입을 리 없는 그런 깃이어아 합니다."

# 티모시 샬라메

Timothée Chalamet

**"옷으로 저를 표현할 수 있다는 건 아주 멋진 일이에요.
줄곧 그렇게 생각하고 있었죠."**

스물여섯 살에 처음 오스카 후보로 지명되면서 크게 주목받게 된 티모시 샬라메는 레드 카펫에 설 때마다 과감한 의상을 선보인다.

성별에 구애받지 않는 미적 감각과 아방가르드 스타일이 인상적인 《콜미 바이 유어 네임Call Me by Your Name》의 스타 티모시 샬라메는 패션 센스로 큰 관심을 불러일으키며 영국 「보그British Vogue」 잡지의 첫 남성 단독 표지 모델이 되었다. 이전 세대의 섹스 심볼이었던 남성은 대부분 엄청난 마초 같은 모습이었다면, 샬라메는 앤 T. 도나휴Anne T. Donahue 작가의 신조어인 'Artthrob'(Art와 Heartthrob의 합성어로, 매력적이거나 인기를 끄는 예술가를 지칭하는 신조어 — 옮긴이)이라는 더 새로운 범주에 분명 속한다.

샬라메가 착용한 프라다, 까르띠에, 알렉산더 맥퀸 의상에는 과감한 붉은 꽃, 스와로브스키 크리스탈이 시선을 끌고 분홍색도 잔뜩 보인다.

영화를 홍보하는 자리에서는 스텔라 매카트니 슈트를 입었는데 《작은 아씨들Little Women》에서는 마젠타 슈터를, 《듄Dune》에서는 크림색과 하늘색 조합의 버섯 프린팅 슈트를 선보였다.

맞춤 정장, 검정 부츠, 루이비통 하네스 등 샬라메의 취향은 그 나이대에 갖추기 힘든 자신감이 드러나며 본인도 그렇게 생각한다. 그는 2021년 영국 「글래머Glamour」 잡지와의 인터뷰에서 이렇게 말했다. "성장기 때는 늘 자기 몸이 낯설어요. 거울을 보고 정체성을 확인하기도 하고 어떤 땐 정체성이 무너지거나 스스로 싫어하게 되기도 하죠. 주변과 동떨어져 있다고 느낀다는 점에서 아마 인생의 가장 힘든 시기가 아닐까요? 하지만 좋은 점도 있어요. 나의 정체성과, 무엇에 내가 안정감을 느끼는지 탐색하는 과정에서 삶을 함께할 좋은 사람들을 만날 수 있으니까요."

2022년 베니스 영화제에는 가장 좋아하는 디자이너이자 친한 친구로 알려진 하이더 아커만Haider Ackermann의 빨간색 유광 홀터넥 점프슈트를 입고 등장했다. 티모시의 개인 스타일을 엿볼 수 있는 또 다른 기회였다. 흘러내리는 천으로 만들어 등이 다 보이는 단색 앙상블은 《본즈앤올Bones and All》을 최초 공개하는 자리에 참석한 모든 이의 시선을 사로잡았다.

특별한 패션 취향 때문에 팬들뿐 아니라 파파라치 역시 놀라기는 마찬가지다. 2021년에는 여성과 아동 권리 구호 단체인 '아프카니스탄 자유Afghanistan Libre'를 지원하고자 하이더 아커만과 함께 자선 의류 프로젝트를 런칭했다.

샬라메가 규범에 벗어난 남성복을 받아들인 첫 남성은 아니겠지만 어느 정도의 자신감과 재능을 살려 여러 장르를 아우르는 대표 인물임은 하고 있음은 분명하다. 앞으로 업계에서 오랜 활약이 예상되니 팬들은 그의 스타일을 수십 년은 더 구경할 수 있겠다.

# 셰어

Cher

**"전 제가 좋은 게 좋고, 유행에는 신경 안 써요.
자기 몸에 잘 어울리는 걸 입어야죠.
쓰레기 같아 보이면 유행대로 입었다고 한들 무슨 소용이겠어요."**

허리까지 내려오는 까만 생머리, 심한 노출 의상, 사람들 사이에서 확 튀는 허스키한 목소리의 셰어는 50년 넘게 '팝의 여신'으로 활약하고 있다.

남편과 '소니 앤 셰어 Sonny & Cher'라는 보컬 듀오로 활약하며 1960년대에 인기를 얻기 시작했다. 퍼 조끼, 콜kohl 아이라이너뿐만 아니라 그 길고 긴 다리에 다양한 나팔바지를 걸치고 여성 최초로 방송에서 배꼽을 노출하는 파격인 행보를 선보였다. 돋보였던 셰어의 패션 센스는 그에게 있어 아주 중요한 요소였다. "사람들은 우리 부부의 패션을 전혀 이해하지 못했어요."라고 2022년 「보그」 인터뷰에서 말했다. "우리의 모습과 옷차림이 정말로 자랑스러웠지만 쇼에는 많이 출연하지 못했어요. 비틀즈조차 재미없는 슈트를 입던 시절이었죠."

1967년 〈캐롤 버넷 쇼 The Carol Burnett Show〉에 게스트로 출연한 것을 계기로 쇼의 의상 디자이너였던 밥 맥키 Bob Mackie와 함께 일하기 시작했다. 〈더 소니 앤 셰어 쇼 The Sonny and Cher Show〉는 물론 레드카펫과 투어 의상을 맥키가 디자인하면서 두 사람의 협업 관계는 점점 발전했다. "패션 감각이 남들보다 한참 앞서있던 맥키 입장에서는 주는 대로 입는 저랑 일하는 건 엄청난 호사였죠. 사실 맥키가 주는 건 다 맘에 들었어요. 절대 너무 하찮지도, 너무 과하지도 않았죠." 셰어는 1974년 멧 갈라 Met Gala에 맥키의 '누드 드레스'를 입고 모습을 드러냈다. 소매와 스커트 부분만 하얀 깃털로 덮여있고 나머지 부분은 구슬로만 장식된 드레스였다.

1986년 오스카 시상식에는 우뚝 솟은 깃털 머리 장식과 횡격막이 드러나는 검정 스팽글 드레스를 입고 등장했다. 만약 셰어가 패션으로 주목받지 못했더라도, 저 의상으로 확실히 이름을 알렸을 것이다.

노래하고, 연기하고, 다른 사람에게 즐거움을 주며 인생 대부분을 살아온 셰어는 스타일 아이콘으로도 활약하고 있다. 타조 깃털, 반짝이는 머리 장식, 니플패치, 가죽 망토, 심지어는 이집트의 여신 패션으로 커리어 내내 특유의 디바 이미지를 보여주었으며 다행히 자제할 가능성은 당분간 없어 보인다. 즉, 검은색 스판덱스 전신복과 플랫폼 부츠를 착용한 76세의 셰어가 파리패션위크 발망 런웨이를 걸으며 특유의 매력을 발산하는 모습을 볼 수 있으니 팬들에게는 다행인 일이다.

# 콴나 체이싱호스

Quannah Chasinghorse

**"이 업계에서 젊은 원주민은 원주민으로 살아갈 수 있어야 해요.
제가 자랄 때만 해도 그런 인물이 없었지만,
이제는 제가 많은 이들에게 롤모델이 되어주고 싶어요."**

독특한 이목구비와 부족 전통 얼굴 문신이 특징인 콴나 체이싱호스는 모델의 전형적 얼굴에 대한 편견을 바꾸고 있다. 핸 그위친Hän Gwich'in 부족과 오글랄라 라코타 Sicangu Oglala Lakota 부족의 후손으로서 토착지를 지키고 기후 변화에 맞서는 자랑스러운 운동가이다.

"토지 보존과 물 절약을 외치고 행동으로 보여주며 인지도를 높였어요. 그렇게 주목을 받아 모델 일을 시작했죠. 꿈꾸던 일을 하면서 환경 운동을 계속할 수 있다면 더 바랄 게 없어요."

어린 시절 몽골에 살 때 패션 채널을 보고 모델이란 직업과 사랑에 빠졌다. 현지 언어를 이해할 필요가 없기 때문이었다.

"TV 속 디올, 샤넬, 프라다 등 런웨이 쇼에 푹 빠져 늘 포즈를 취하고 사진을 찍었어요. 제가 모델이 될 잠재력이 있다고 생각하기는 힘들었죠." 패션계에 원주민 롤모델이 딱히 없었기 때문이었다.

이후 가족과 알래스카 페어뱅크스에 정착해 자신의 토착문화에 대해 더 많이 배우기 시작했다.

"그렇게 어린 나이에 전통 문신을 한 여자아이는 우리 부족에서 100여 년 만에 처음이었어요. 문신을 정확히 알고 설명할 수 있을 만큼 교육을 받으며 기다렸어요. 대신 열두 살 무렵부터는 아이라이너로 문신을 그리고 나니기는 했었어요."

이제 체이싱 호스는 구찌, 끌로에, 새비지×펜티, 프라발 구룽 패션쇼에 서고, 캘빈 클라인, DKNY, 맥카지 캠페인에 등장하는 모델이 됐다.

"패션계는 과거 아메리카 원주민의 전통과 예술을 베껴 쓰면서도 그 디자인이 어디서 시작됐는지도 몰라요. 그러니 우리 민족의 위상을 드높이는 일이 저에게 매우 중요해요."

2021년, 체이싱호스는 원주민 여성 최초로 샤넬 패션쇼 런웨이에 섰다. "마음이 편하면서도 사람들의 주목을 받는 아름다운 사람이 된 듯한 기분이 들었어요."

「엘르 Elle」 잡지 화보에 셀린느 보디슈트, 불가리 목걸이, 돌체 앤 가바나 블레이저와 뷔스티에, 미우미우 청바지를 착용하고 까르띠에 주얼리를 잔뜩 걸친 그는 눈부시게 빛났다. 「보그」 화보에서는 지방시, 발렌티노, 빅토리아 베컴, 루이비통을 착용해 깊은 인상을 남겼다.

사진 촬영과 런웨이용 하이 패션을 착용하지 않을 땐 옷장에 있는 제이미 오쿠마, 썬더 보이스 햇 코, 베서니 옐로우테일 같은 원주민 브랜드를 즐겨 입는다.

"원주민의 위상이 오르면서 배척도 줄어들고 있어요. 이런 변화의 일부가 될 수 있다니 감격스러워요."

# 엠마 코린

Emma Corrin

**"정체성을 분명히 하라고 요구하는 업계에서 일하며 내 안에 새로운 면모를 발견한다는 건 참 어려운 일이에요."**

엠마 코린은 영국 역대 가장 아이코닉한 여성으로 손꼽히는 인물이다. 《더 크라운 The Crown》에서는 생전 큰 사랑을 받았던 다이애나 왕세자비 역을 훌륭히 소화해 스물여섯 살의 나이로 골든 글로브 수상의 영예를 안았다. 드라마에서 보여준 스타일리시한 캐릭터처럼 레드 카펫에서도 남다른 존재감을 뽐낸다. 격식을 한껏 차린 왕족에게 허락된 것보다 훨씬 아방가르드한 모습이긴 하다.

코린은 어린 시절 밖에서 뛰어놀고, 요새를 쌓고, 켄트 집에서 여름을 보내는 것을 좋아했다. 아홉 살 땐 〈버드나무에 부는 바람 The Wind in the Willows〉의 두꺼비 Toad of Toad Hall를 연기하며 춤과 연극에 처음 관심이 생겼다.

"나중에 누군가의 어머니가 저에게 다가와 정말 별 뜻 없이 물었어요. '얘, 너 정말 잘하더라. 나중에 배우 하려고?' 그 질문이 출발점이었고, 정말로 하고 싶었던 다른 일은 없었어요. 해양생물학이 잠깐 후보에 올랐는데 가능성은 없었죠."

다이애나 역할로 골든 글로브 상을 받은 덕에 앞으로 나아갈 길은 무궁무진하다. 사실 레드 카펫부터 명품 화보까지 섭렵하며 이미 존재감을 크게 과시하고 있다.

그는 「보그」 표지를 장식한 최초의 논바이너리다. 표지 촬영 당시 루이비통, 마린, 꼼데가르송 드레스, 프로앤자슐러 신발뿐 아니라, 브랜드 엠버서더로 활약하고 있는 까르띠에 주얼리와 미우미우 제품을 잔뜩 걸치고 나와 다양한 스타일을 연출했다.

"우리 미우미우 팀은 훌륭해요. 아수 잘하고 있죠. 미우미우 최신 컬렉션은 점점 더 가능성을 확장해 나가고 있어요. 그 점이 정말 좋고, 그 과정에 참여할 수 있어 매우 감사해요."

해리 램버트 Harry Lambert 스타일리스트와 자주 협업하면서도 로에베, 마르코 리베이로, 샬롯 놀즈 등 다른 브랜드도 애용한다.

"램버트랑은 진짜 친해서 서로 엄청 잘 알아요. 저희끼리 엄청 신뢰하다 보니 램버트는 제가 생소해하는 스타일을 시도하게 만들고 저는 거기에 이끌려 가요. 그러면서도 램버트는 저를 정말 잘 알아서 그 점이 편해요."

《나의 경찰관 My Policeman》 최초 상영회에서 코린은 JW 앤더슨 드레스로 시선을 사로잡았다. 물고기가 든 비닐봉지 모양에 한쪽 어깨가 노출된 드레스는 보는 사람으로 하여금 두 눈을 의심하게 만들었다. 코린은 특정 장르에 자신을 가둬 놓고 카메라를 두려워하는 법이 없다. 대신 위험을 무릅쓰고 옷으로 자신을 어떻게 표현할지 탐구하는 쪽을 택한다.

"제가 진정 즐기는 것들로 컬렉션을 만들기 시작했다고나 할까요. 옷에 투자하는 게 좋아요. 여러분이 예술작품에 투자하는 것과 살짝 비슷한 것 같아요."

# 대퍼 댄

Dapper Dan

**"패션은 그냥 도구예요.
제가 더 깊은 무언가를 표현하고 변화를 일으키고 싶을 때 사용하는 수단이죠.
패션은 그게 다예요."**

할렘가의 쿠튀리에Couturier인 다니엘 데이Daniel Day는 대퍼 댄이라는 이름으로 더 잘 알려져 있다 (색소폰 연주자인 또 다른 대퍼 댄에게 이름을 선물 받았다고 한다). 1982년 할렘가에 첫 부띠끄를 오픈했을 당시 구찌, 루이비통, 펜디 등의 로고를 샘플링해 화려하고 예측 불가능하면서도 럭셔리한 패턴의 옷을 만들었다.

"럭셔리 브랜드를 그 힘의 본질인 로고까지 해체한 뒤, 그 힘을 새로운 맥락에서 재현했어요. 브랜드 이름과 문장紋章은 부, 존경, 명예를 상징해요. 우리 고객은 그 힘을 믿었고 저는 그 힘을 제공한거죠."

당시 빅 대디 케인Big Daddy Kane과 LL 쿨 JLL Cool J가 댄의 자켓과 운동복을 착용했고, 솔트 앤 페파Salt-N-Pepa가 댄의 가죽 제품을 매치해 입었다. 댄은 자신의 창작물에 딱 맞는 고객층을 찾음으로써 래퍼들이 패션 트렌드를 주도하는 래퍼 시크 시대를 정의하는 데 일조했다. 그러나 스타들이 찾는 디자이너가 되기 전, 댄은 열세 살부터 도박을 배워 돈벌이를 하고 있었다.

"여러 사람과 게임을 해 큰돈을 벌었지만 그곳 사람들과 더는 엮이고 싶지 않았어요. 저는 제가 옷을 좋아한다는 것을 알았고 할렘의 모든 사기꾼을 알았기 때문에 '옷 가게를 열어서 저 사람들한테 다 팔아야겠다'라고 생각했어요. 도매업자에게 이것저것 떼 올 수 없을 거란 사실은 몰랐죠."

할렘 사람들은 모두 모피를 사랑했지만 모피에 대한 지식은 없었다. 댄은 모피를 공부해 팔기 시작하면서 섬유 인쇄술도 배웠다. "가죽에 바를 수 있고 지워지지도 않는 화학 약품을 생각해 냈죠. 약품 통을 숨겨 놔서 제가 어떤 종류의 잉크를 사용하는지 아무도 몰랐어요. 물론, 지금은 컴퓨터 기술로 가죽에 이미지를 프린팅 할 수 있지만요."

하지만 해당 로고 브랜드의 변호사들이 들이닥친 1992년, 댄은 가게 문을 닫을 수밖에 없었다. 비록 숨어서 일을 해야 했지만 디자인을 멈추지는 않았다. 실제로 넬리Nelly가 2001년 그래미 시상식에서 대퍼 댄의 옷을 착용했다. "제가 디지털 프린트를 이용해만든 초창기 옷이었어요. 로고를 개선하려고 여러 방법을 개발했어요. 가게를 열었을 때 로고는 다이아몬드와 같다는 것을 배웠기 때문이죠. 다이아몬드는 여러분이 부자라는 신호를 보냅니다. 로고에도 같은 효과가 있어요."

아이러니하게도 2017년 구찌는 1989년 댄의 디자인 중 하나를 그대로 카피하여 '더블 G 모노그램 밍크 야상 점퍼'를 출시했다. 이제는 럭셔리 브랜드들이 댄을 모방하고 있었기 때문에 결국 로고 문제는 해결되었고, 이는 2018년 당시 구찌의 크리에이티브 디렉터였던 알레산드로 미켈레와의 공식 협업으로 이어졌다.

댄은 대중 앞에 다시 등장한 후부터 푸마와 협업하고 셀마 헤이엑Salma Hayek, 비욘세Beyonce, 메건 더 스탤리언Megan Thee Stallion 등 스타의 의상을 디자인하고 갭 2022년 봄/여름 캠페인에 참여해 개성의 중요성을 강조했다.

"저는 후드티의 오명을 없애고 싶어요. 제가 후드티에 애스콧을 걸친 이유죠. 힙합인 모두 후드티를 입지만 우리는 각자 다 달라요."

요즘 댄은 콜라보를 통해 자신의 업적을 알리고 있다.

"저는 후드티의 위상을 끌어 올리고 싶어요. 색을 더 불어넣고 싶어요. 제 주특기인 로고플레이로 접근할 수 있죠. 하지만 제가 가장 하고 싶은 것은 갭이라는 브랜드 위상을 높이는 것이에요. 더 럭셔리한 브랜드로 만들고 싶습니다. 제가 늘 했던 것처럼요."

"우리가 '로고플레이'를 벗어날 수 있을까요? 못할걸요. 빼곡한 로고들은 이렇게 말하죠. '저 여기 왔어요. 이거면 됐겠죠. 내 G들 보이죠? 여기 F들 보세요.' 문화가 확장하고 사람들의 사회적 지위가 올라감에 따라 사람들은 '내가 이만큼 올라왔다'라는 사실을 모두에게 알리고 싶어 하죠."

2019년 회고록 『대퍼 댄: 메이드 인 할렘Dapper Dan: Made in Harlem』을 출간하고 같은 해 애슐리 그레이엄Ashley Graham, 레지나 홀Regina Hall, 칼리 크로스Karlie Kloss 등의 멧 갈라 의상을 제작했다.

"고객이 매장에 왔을 때 관심을 표하는 이유는 단지 감사함을 느끼고 계속 재방문하게 만들려는 의도가 아니에요. 고객의 소리를 잘 듣는 것이 창의성을 발휘하기 위한 핵심입니다. 제 디자인은 고객이 저에게 주는 에너지에 대한 반응이죠. 저는 그런 일대일 교환을 통해 성장해요. 저는 스스로 예술가나 심지어 쿠튀리에라고 생각하지 않아요. 단지 고객이 자신의 이야기를 들려줄 수 있도록 패션을 이용하고 있을 뿐입니다."

# 빌리 아일리시

Billie Eilish

**"원하는 대로 입고, 원하는 대로 행동하고, 원하는 대로 말하고, 원하는 존재가 되세요.
지금껏 제 얘기는 그게 전부예요.
새로운 것에 열린 마음을 갖고, 다른 사람 때문에 그만두지 마세요."**

스무 살, 빌리 아일리시의 업적은 60세 뮤지션의 이력서만큼이나 화려하다. 2019년에 집에서 녹음한 앨범으로 데뷔한 아일리시는 《제임스 본드 시리즈》 OST를 녹음한 최연소 아티스트가 되었고, 2022년에는 기네스 세계 기록을 두 개 세우기도 했다(올해의 레코드상을 가장 많이 수상한 여성 아티스트이자 《노 타임 투 다이 No Time to Die》 단 한 곡으로 오스카, 골든 글로브, 그래미상을 수상한 최연소 아티스트).

열세 살 때 친오빠인 피니어스 오코넬 Finneas O'Connell과 함께 녹음한 《오션 아이즈 Ocean Eyes》를 발표해 큰 주목을 받은 이후 음악을 업으로 삼고 있지만, 사실 그의 삶에서 더 오랫동안 중요한 역할을 한 건 패션이다.

"패션'은 늘 저의 감정, 저에 대한 느낌, 저의 기분을 전달하는 수단이었어요. 패션은 정말 애착 담요 같았고 아닌 적이 언제인지 기억이 안 나네요."

아일리시는 종종(스스로 생각에는 10대의 불안감 때문에) 헐렁한 옷을 입고, 검은색과 초록색 머리를 하고, 나이를 훨씬 뛰어넘는 성숙함을 풍기며 돌아다녔다.

"어떤 행동을 하면 누군가는 옳다고 하고 누군가는 틀렸다고 해요. 헐렁한 옷을 입고 아무도 저에게 매력을 느끼지 못하면 저는 정말 사랑스럽지도, 섹시하지도, 아름답지도 않은 사람이 돼요. 그러면 사람들은 제가 여성스럽지 않다며 비난하죠."

그러나 그는 자신의 변화와 과거 모습을 삶의 일부로 여기고 존중할 줄 안다.

"옷은 제가 스스로를 어떻게 표현하고 싶은지, 어떻게 보여지고 싶은지, 어떤 존재로 규정되고 싶은지 나타낸다는 걸 알아요. 그래서 열다섯 살, 열여섯 살 때 제 모습이 지금 제 눈에 아무리 이상해 보이더라도 저는 항상 그 소녀를 존중하고 그때 느꼈던 힘을 존중할 것입니다. 결국 스타일은 제가 표현하고 싶은 제 모습입니다. 이상."

그는 마크 제이콥스, 시몬 로샤 주얼리, 숏 기장의 프라다 패딩, 헐렁한 구찌 슈트, 세일러문 프린팅 옷, 형광색 루이비통 상하의 세트 등을 입고 레드 카펫에 섰다. 샤넬의 시크한 할머니 스타일과 릭 오웬스의 올블랙 고딕 스타일을 시도했다. 2020년 멧 갈라에서 오스카 데라렌타의 공주 드레스를 선보였다. 나이키와 콜라보해 신발과 의류 라인을, H&M과는 의류와 액세서리를 출시했다.

"무엇을 어떻게 입을지 관심 없는 사람들을 만나면 도무지 이해가 안 돼요."

2021년 영국 「보그」 화보에서는 코르셋과 하늘거리는 실크를 착용하고, 머리 전체를 금발로 염색한 채 몸매 굴곡을 드러내는 매력적인 핀업걸 스타일을 선보였다. 이러한 변화는 팬들을 놀라게 하고 또 어떤 사람들의 심기를 건드렸다.

"자신의 신체를 긍정적으로 여긴다면 왜 코르셋을 입냐, 왜 몸을 있는 그대로 보여주지 않냐고 하더군요. 제가 하고 싶은 말은… 저는 제가 원하는 무엇이든 될 수 있어요. 제가 기분 좋은 게 중요해요."

겉에서 보기엔 완벽히 소화해 낸 것처럼 보였지만 아일리시는 당시 약간의 정체성 위기를 맞았다고 인정했다.

"예전에 저는 한 가지 종류의 사람이었어요. 특정 종류의 옷을 입고, 특정 종류의 음악을 만들었죠. 그런데 그게 저를 오랫동안 괴롭혔어요. 사람들이 저를 단 하나의 차원으로만 생각했는데, 저는 그게 마음에 들지 않았거든요. 제가 가진 하나의 페르소나에 사람들이 갇힌 듯한 느낌을 받았고, 다들 엿 먹어 보라는 의미로 그 페르소나를 완전히 바꿨습니다. 저는 다양한 모습을 보여주고 싶었고, 매력적인 사람이 되고 싶었고, 중성적인 느낌을 주고 싶었으며, 이 모든 걸 할 수 있다고 저 자신에게도 증명하고 싶었죠. 이제는 드디어 페르소나 너머의 저를 잃지 않으면서 동시에 다른 것들도 할 수 있어서 편안해요."

# 팔로마 엘세서

Paloma Elsesser

**"저는 플러스 사이즈예요.
아무 가게나 들어가 몸에 맞는 옷을 집어 올 수 없으니
더욱 창의성을 발휘해야죠."**

팔로마 엘세서는 대가족에 구성원으로 자랐다. "분류하자면 '히피 푸어족'으로 자랐어요. 부모님은 모두 음악을 했고 어머니는 교사이자 작가였어요. 흑인 감리교인인 조부모님도 다 같이 한집에서 살았어요."

고등학교를 졸업한 후 뉴욕으로 건너가 뉴스쿨대학교에서 문학과 심리학을 공부했다. "모델 일은 생각해 본 적도 없었어요. 잘되면 활발한 성격을 살리는일 정도 하지 않을까 생각했어요. MTV를 보면서 VJ가 되면 얼마나 멋질까, 상상했죠."

친구의 제안으로 모델 에이전시를 알게 됐지만 카메라 앞에서 뭘 입고 어떻게 움직여야 할지 모르겠다고 털어놓았다. "나는 업계의 전형적인 플러스 사이즈 여성이랑 다르잖아. 모델 에이전시가 나랑 계약해서 뭐하겠어?"

그러나 결국 전설의 영국 메이크업 아티스트인 팻 맥그래스Pat McGrath가 인스타그램을 통해 엘세서를 새 브랜드 홍보 모델로 선정하고 싶다고 알렸다.

"저를 아름답고 매력적인 존재로 봐준다는 것이 큰 힘이 됐고 플러스 사이즈 흑인 여성의 지지를 받는다는 데서 특히 위안을 얻었어요. 인정받는 느낌이었어요." 이때 맥그래스는 리나 혼Lena Home, 리타 헤이워스Rita Hayworth와 같은 일생일대의 보석을 발굴을 했다고 할 수 있다.

엘세서는 이후 IMG 모델 에이전시, 헉슬리와 계약을 맺고 파리에서 랑방과 알렉산더 맥퀸 패션쇼에, 뉴욕에서는 에크하우스 라타와 새비지×펜티 패션쇼에 섰으며 플러스 사이즈 모델 중 거의 최초로 펜디 쇼에 올랐다. 살바토레 페라가모, 나이키, 글로시에, 펜티 뷰티.

어그 캠페인의 메인 모델로도 발탁됐다.

"패션에 입문했을 때 플러스 사이즈 업계와 하이 패션 업계가 구분 지어져 있었기 때문에 저 같은 사람에게도 자리가 있었던 것 같아요. 유일한 존재가 되려던 것도 아니었고 제 모습 그대로를 보여주면 된다고 생각했지만 최선을 다할 각오로 시작한 건 맞아요."

엘세서는 코치의 '자기만의 길을 긷는 독창적인 사람들Originals Go their Own Way' 캠페인의 메인 모델로도 활동했다. "코치에서 처음 접한 제품은 가방이었어요. 중학생 때 위탁판매점에서 정품 가죽 가방을 발견했는데 새들백이었던 걸로 기억해요. 이후 코치 모노그램 스니커즈가 크게 유행했던 시절도 지냈죠."

「I–D」매거진 화보에서는 꼼데가르송, 아디다스, 맥시밀리안, 지방시, 미우미우, 장 폴 고티에를 착용하고, 「WSJ」잡지 표지 촬영 땐 줄리아 사르 자무아Julia Sarr-Jamois에게 스타일링 받았다. 또한, 「보그」표지 촬영 땐 마이클 코어스와 스키아파렐리를 입고 무려 애니 리버비츠Annie Leibovitz가 직접 촬영했다.

"제 커리어에 있어서 정말 중요한 순간이었습니다. 「보그」 잡지와 패션 업계 전반에 비판할 점이 있는 건 사실이지만, 동시에 저는 제가 무척 자랑스러웠고, 그날 촬영은 도무지 믿을 수 없는 기회였습니다."

엘세서는 여전히 업계에서 자기 본분을 다할 수 있어 스스로 자랑스럽고 기쁘게 생각한다.

"저 자신을 많이 알게 되었고, 제가 커리어를 어떻게 발전시키고 싶은지 알게 됐어요. 실현되면 매우 영광이겠지만 제가 일을 시작하기 훨씬 전부터 가능했어야 할 일이라는 생각도 들어요."

# 엘라 엠호프

Ella Emhoff

**"IMG 모델 에이전시에 들어와서는 놀라움의 연속이었어요.
더 어렸을 땐 모델 일을 하게 될 거라고 생각조차 해본 적이 없었거든요.
또래 젊은 여성들과 마찬가지로 자신감 문제를 가진 제가,
외모에 극도로 집중하는 업계에 들어서려니 두렵고 또 두려워요."**

2021년 대통령 취임식 전 엘라 엠호프는 파슨스디자인스쿨에 다니는 평범한 학생이자 정치인을 가족으로 둔 새내기 뉴요커였다. 그러나 새엄마인 카멀라 해리스 Kamala Harris 부통령을 축하하기 위해 마련된 역사적인 행사에 보석 장식 미우미우 코트를 착용한 채 참석했고, 이로 인해 삶이 하루아침에 뒤바뀌었다. 갑자기 패션계의 새로운 얼굴로 인정받았고, 불과 며칠 후 IMG 모델 에이전시와 계약하기에 이르렀다.

"모델은 사전적 정의를 벗어나 예술, 사회운동, 글쓰기 등 다른 창작 활동에 참여하는 기회도 얻고 있어요. 모델일 뿐만 아니라 지속가능성과 사회운동 전반에 대해 이렇게 제 생각을 공유하고 대화할 수 있게 해주는 브랜드와 협업하고 또 여러 활동을 할 수 있을 때 정말 기뻐요."

스물세 살이 된 엠호프는 취임식 이후 다양하고 새로운 경험을 잔뜩 흡수하는 중이다. 이렇게 새로 얻은 명성을 이용해 자신이 중요시하는 대의를 위해 힘쓰고 있다. 스텔라 매카트니 Stella McCartney와의 콜라보도 그중 하나이다.

"스텔라 매카트니는 지속 가능성을 추구하는 데 앞장서는 가장 중요한 인물 중 한 명이에요. 업계 최초로 행동을 취하고 지속 가능한 제품뿐 아니라 버섯 가죽과 같은 새로운 소재도 만들고 있어요."

엠호프의 길거리 패션은 별나고 유니크하다. 거대한 누비 스웨터를 미니 드레스처럼 입고 거기에 둥근 테 안경과 투박한 작업용 부츠를 매치한다. 헤어스타일은 '펑키'하고, '이상한 문신'이 약 열아홉 개이다.

"이렇게 입으면 꽤 이상하긴 해도 저는 진짜 기분 좋아요. 제 진짜 스타일 본능을 따를 수 있고 실제로 반응도 좋았어요! 제 스타일은 특정 유형의 옷차림으로 분류할 수도 없어요. 다른 사람들이 내가 뭘 입길 바라든 개의치 않고 제 마음에 드는 옷을 입을 뿐이에요. 그리고 과거 스타일이나 다른 사람들이 예상하는 여러분의 스타일에 얽매이

지도 마세요. 요즘 이런 생각을 해요. '잠깐, 오버사이즈 스커트는 짧은 상의랑 매치해도 좋겠는데! 내가 이럴 줄이야!' 여러분이 입고 있는 건 단순히 옷이 아니기 때문이에요. 그 옷이 주는 자신감과 삶을 주체적으로 살아갈 능력을 입고 있는 거예요."

모델로서 새롭게 커리어를 시작하면서 엠호프는 먼저 프로엔자 슐러 가상 런웨이 쇼와 발렌시아가 세미 라이브 패션쇼에 섰다. 이후 미우미우의 런웨이에 등장했고, 디올을 입고 「배너티 페어 Vanity Fair」 화보를 촬영했으며, 스텔라 매카트니의 아디다스 제품 모델로 활동했다. 그리고 멧 갈라에서 스텔라 매카트니 옷을 입고 또래 패션 아이콘인 티모시 샬라메와 함께한 것도 빼놓을 수 없다.

"스텔라는 업계 변화를 추진하는 데 정말 능숙하고 스타일도 훌륭해요. 재미있으면서도 세련됐어요. 사람들이 스텔라 제품을 실제로 입고 싶어 하는 이유는 지속 가능하기 때문만이 아니라 멋지기도 해서죠."

엠호프 삶에 일어난 온 우주의 변화는 분명 놀라운 일이었다. "자라면서 제가 스타일리시하다고 생각해 본 적이 전혀 없어요. 물론 저는 패션을 좋아하고 관심이 많았어요. 하지만 저는 정말로 제 마음대로 입는 걸 좋아했고 제 외모 그대로로 편안했어요. 저는 스스로 '패션 피플'이라고 생각해 본 적이 없습니다."

파슨스를 졸업한 지금 밧셰바 헤이 Batsheva Hay와 함께 소규모 니트웨어 컬렉션을 제작할 기회도 얻었다.

"저희는 개인적으로 선호하는 디자인이 많이 일치해요. 제가 좋아하는 밝은 색상에 헤이의 전통적인 실루엣을 섞으면 완벽한 스타일 융합이 일어나는 거죠."

나중에는 자신의 이름을 딴 컬렉션을 만들고 싶다고 한다.

"남녀노소 제가 만든 알록달록한 줄무늬 바지나 드레스를 입은 모습을 보고 싶어요. 멋질 것 같아요."

# 제프 골드블룸

Jeff Goldblum

**"취향에 좋고 나쁨이 있나요?**
**그저 각자의 취향이 있을 뿐이고 제 취향은 저의 사고방식을 형성했어요.**
**자기 내면을 들여다보고, 자기 취향을 받아들여야 합니다.**
**추하거나, 수준이 낮거나, 현재 인기 영역에서 벗어난 것이라 생각하는 것까지도 모두 말입니다."**

모두가 사랑하는 영화 《쥬라기 공원 Jurassic Park》의 씬스틸러, 제프 골드블룸은 《플라이 The Fly》, 《인디펜던스 데이 Independence Day》 및 웨스 앤더슨의 여러 작품에서의 연기로 수십 년 동안 큰 주목을 받았다. 더 나아가 촬영장 밖에서 선보이는 과감한 패턴의 셔츠나 얼룩말 프린팅 바지도 강렬한 인상을 남긴다.

어릴 적 여름 캠프에서 드라마 수업을 들으며 연기에 처음 푹 빠진 후 그 관심은 지금까지 쭉 이어져 왔다.

"제 인생 최고의 여름이었습니다. 저의 삶, 가능성, 미래, 잠재력을 사랑하게 되었고 불타올랐어요. 그때부터 습기 찬 샤워실 문에 글을 쓰기 시작했습니다. '신이시여, 제가 배우가 되게 해주세요'라고요. 저는 늘 미학에 관심이 많았어요. 어릴 때부터 그림에 재능이 있었고 피츠버그에서 특별 미술 수업을 들으며 다양한 색상과 넥타이 조합을 몇 개나 그렸어요. 그 무렵 어머니와 '김벨스백화점'이나 '호른스백화점'에 가서 새미 데이비스 주니어 Sammy Davis Jr. 같은 사람이 《자니 카슨 쇼 Johnny Carson show》에 입고 나온 네루 자켓을 구매하고는 했어요. 터틀넥 스웨터랑 목에 거는 메달도 좀 샀죠. 《007 제임스 본드》를 한창 보던 나이였어요."

그는 가지고 있던 옷을 제대로 정리하고 옷차림을 개선하고 싶은 마음에 「GQ」 화보 촬영에서 만난 스타일리스트, 앤드루 보테로 Andrew Vottero에게 몇 년 전 도움을 요청했다.

"이렇게 말했죠. '집으로 와서 어떤 청바지를 버리면 좋을지 알려주세요'라고요. 그렇게 우리는 함께 일하게 됐습니다. 몇 년이 지나니 처음 제 옷장에 있던 옷은 전부 다 사라졌죠. 아마도 한두 가지 남아있기는 했을 거예요. 교체하고 추가하는 동안 저희는 영화를 포함한 모든 종류의 프로젝트를 함께했습니다. 하지만 연기를 공부하는 사람으로서 옷이 어떤 기분을 느끼게 하고, 소위 캐릭터를 어떻게 만들어내는지에 항상 관심이 있었어요. 재즈 공연도 몇십 년째 하고 있었기 때문에 극중 인물이 아닌 진짜 제 모습으로 나설 때 옷이 주는 효과를 즐기기도 했어요."

골든블룸은 지금까지도 보테로와 함께 작업하고 있다.

"저도 의견을 내지만 보테로는 확실히 전문가예요. 시작할 때는 열의가 넘쳐요. 그런데 솔직히 다른 사람들은 어떻게 스타일링하는지 잘 모르겠어요. 세상에 스타일은 너무 많고 다양한데 누군가의 도움 없이 어떻게 잘 선택할 수 있을까요."

195센티미터의 장신인 골드블룸은 최근 2022년 프라다 남성쇼 런웨이를 활보했다.

"와, 정말 재미있는 경험이었습니다. 처음 해보는 일이었죠. 사실 패션쇼라고는 살면서 두 번 참석해 본 게 다였어요. 밀라노에서 열린 아르마니 쇼에 갔는데 클라우디아 카르디날레 Claudia Cardinale와 소피아 로렌 Sophia Loren 사이에 앉게 되었어요. 다른 한 패션쇼는 라프 시몬스가 캘빈클라인과 콜라보했던 쇼였어요. 약간 새틴 카우보이 느낌의 멋진 의상을 입혀주셔서 재미있었습니다."

골드블룸은 아크네 스튜디오 청바지, 생 로랑과 톰 포드 슈트, 거너 폭스와 닉 푸케 모자를 좋아한다.

"최근에 아주 아주 아주 중요한 신발을 두어 켤레 샀습니다. 저희 둘 다 좋아하는 이브 생 로랑에 가서 재즈 공연 때 자주 신는 스팩테이터 슈즈를 구입했어요."

골드블룸의 스타일은 흑백을 지나 컬러와 프린팅에 대한 갈망으로 이어졌고 그 다음 단계에 한계는 없다.

"제 스타일은 유동적이고 끊임없이 변해요. 어느 날 '유레카, 이거야. 나한테 딱 맞는 스타일을 찾았어'라고 바보 같은 말을 했다가 다음 날이나 다음 주에는 분명 이렇게 말하겠죠. '글쎄, 이 스타일은 이쯤 하면 됐어. 이젠 뭘 할까? 또 뭐가 재밌을까?'"

# 페기 구겐하임

Peggy Guggenheim

> **"작은 밀랍 인형을 모아놓고 가장 패셔너블한 옷을 입혔어요.
> 모두 제가 직접 디자인하고 제작한 의상이었죠.
> 그 옷은 전부 트루빌에서 여름을 보냈을 때
> 엄청 시크한 여성들과 매춘부들을 보고 영감을 받아 만든 거예요."**

페기 구겐하임의 삶은 순탄치 않았다. 심지어 가족을 포함해 많은 사람이 그의 노력을 의심하기도 했다. 그러나 그는 끝내 매혹적인 삶을 살았고, '페기 구겐하임 컬렉션'을 통해 오래도록 간직될 유산을 남겼다.

"가족들은 늘 저를 끔찍한 아이로 여겼어요. 아마도 집안의 애물단지 정도로 여겼던 것 같아요. 훌륭한 일이라고는 절대 하지 못하리라 생각했던 거죠. 그런 제가 이렇게 잘 돼서 다들 많이 놀랐을 겁니다."

구겐하임은 1938년 초현실주의, 입체파, 추상파 작품을 수집하기 시작했다(당시 루브르 박물관이나 그녀의 삼촌이 세운 구겐하임 미술관 모두 그 작품들이 가치가 있다고 생각하지 않았다). 구겐하임은 같은 해 런던에 구겐하임 죈 미술관Guggenheim Jeune Gallery을 열었고, 1941년에는 서양에서 가장 중요한 현대 컬렉션 중 하나를 소장한 금세기 미술 화랑the Art of This Century gallery을 열었다. 그는 제2차 세계대전 당시 자신의 미술품 컬렉션을 영국 밖으로 밀반출했고 전쟁 후 베네치아 궁전을 매입해 컬렉션을 전시했다. 구겐하임은 로버트 마더웰Robert Motherwell, 마크 로스코Mark Rothko, 잭슨 폴록Jackson Pollock 등 미국 예술가들이 주목받는 계기를 마련했다고 알려져 있다.

"잭슨 폴록이 제 눈에 든 건 삼촌의 박물관에서 잡역부로 일하던 때였어요. 우리는 폴록의 첫 번째 전시회를 열어주었고 나중에는 제 복층 아파트 입구 복도에 대형 벽화를 그려달라고 의뢰했어요. 당시 미국에서 예술 운동이 절실히 필요했음에도 불구하고 아무 움직임도 없었던 터라 제가 아주 중요하고 흥미진진한 일을 하던 것처럼 느껴졌죠."

흠잡을 데 없는 예술작품 취향만큼 패션 센스도 남달랐다. 1920년대 중반, 만 레이Man Ray가 그린 초상화 속에서 구겐하임은 폴 푸아레Paul Poiret 의상을 입고 베라 드 보세의 머리 장식을 하고 있다. 또한 절친한 친구였던 엘사 스키아파렐리Elsa Schiaperelli와 찍은 사진에서는 아이코닉한 셀로판 드레스를 입고 있다. 베네치아 곤돌라의 마지막 개인 소유자였던 구겐하임은 베니스 운하를 건널 때 에드워드 멜카스Edward Melcarth에게 주문 제작한 근사한 나비 선글라스를 착용하기도 했다.

갤러리 개관식에서 초현실주의와 추상주의를 구분 짓는 관습에 도전하는 의미로 탕기Tanguy 귀걸이 한 짝과 알렉산더 콜더 귀걸이 한 짝을 착용한 적도 있다.

구겐하임의 개인 컬렉션에는 보석, 삼각모자, 다양한 모피가 가득했으며 베네치아 궁전에 정착한 후에는 거금을 투자해 시크한 스타일이 돋보이는 의상 두 벌을 마련했다. 각각 마리아노 포르투니Mariano Fortuny와 텍스타일 디자이너 켄 스콧Ken Scott 의 작품이었다.

훗날 구겐하임은 회고록 『금세기를 초월하다: 예술 중독자의 고백Out of this Century: Confessions of an Art Addict』을 통해 자신의 모든 이야기를 들려주었다. 자칫 세상의 이목이 쏠릴 수도 있는 사적인 내용까지 공개하면서 그 미스터리한 페르소나를 설명했다. 사실 구겐하임은 자기 회의감과 남편의 요구사항으로 인해 패션과 점차 멀어지고 있었다. 이에 대한 회고록의 한 대목은 다음과 같다. "플로렌츠는 내가 화려하게 옷 입는 걸 좋아했고, 나를 폴 푸아레에게 데려가 우아한 옷을 사게 했다. 그러나 빠르게 불어나는 내 뱃살은 매력적이지 않아서 그런 멋진 의상을 입고도 그다지 시크해 보이지 않았다."

하지만 살면서 옷의 역할에 감사했음을 보여주는 대목도 많다. "직접 디자인한 콜린스키 털 장식의 우아한 의상을 입고 있었다.", "나는 비록 서점 직원에 불과했으나 매일 아침 향수를 뿌렸다. 작은 진주 액세서리와 아름다운 회갈색 코트를 착용한 채, 매일 서점에 품위 있게 들어섰다."

평생의 수집 끝에 구겐하임의 컬렉션은 그가 생을 마감하기 3년 전 마침내 삼촌의 박물관에 이양되었다. 이로써 '페기 구겐하임 컬렉션'이 1976년 솔로몬 R. 구겐하임 재단에 양도되었다.

# 제레미 O. 해리스

Jeremy O.Harris

"미국 패션은 곧 흑인 패션을 의미합니다. '미국 패션'은 '흑인다움'과 그 흑인다움이
우리 문화 전반과 어떻게 상호작용하는 지를 긍정적으로 비추도록 확장되어야 합니다.
유명 브랜드를 소유한 사업가나 거기 고용되는 특권을 누리는 디자이너만 기억해서는 안 됩니다.
그들에게 깊은 영감을 준 사람들을 떠올려야 합니다."

서른세 살의 제레미 O. 해리스는 희곡 《노예극Slave Play》으로 토니상 12개 부문 후보에 오르는 신기록을 세운 바 있다. 그는 자니크자 브라보Janicza Bravo와 공동 집필한 피처 필름 《졸라Zola》와 예일대학 지원작인 또 다른 희곡 《대디Daddy》를 썼다. 현재는 드라마 《유포리아Euphoria》의 고문이자 공동 제작자이며, HBO 쇼 두 개를 집필 중인데, 하나는 예일대에서 드라마를 공부했던 시절을 바탕으로 하고 있다.

해리스의 성공은 다른 기회로도 이어졌다. 《에밀리, 파리에 가다Emily in Paris》, 《가십걸Gossip Girl》속 배역을 따내고 구찌로부터 협찬을 받기도 했다.

"구찌는 소비자에게 좋은 인식을 심어주기보다 개인의 창의성을 더 중요하게 생각하는 브랜드입니다. 저는 창의적인 사람이고, 구찌를 입을 때면 온전한 '나'를 만나게 되죠. 그들은 저에게 제가 아닌 다른 사람이 되라고 강요하지 않아요."

그는 「하이스노바이어티Highsnobiety」화보 촬영에 구찌를 잔뜩 걸치고 나타났다. 이후 「인터뷰Interview」 2021년 8월호를 객원 편집하기도 하고, 고인이 된 가수 알리야Aaliyah에게 영감을 받아 제작된 타미 힐피거Tommy Hilfiger 커스텀 의상을 입고 2021 멧 갈라에 참석하기도 했다.

"제가 어렸을 적 타미 힐피거는 제가 쿨하다고 생각했던 것들을 완전히 뒤집어버리는 흑인 청년 문화(음악 문화)를 만들어 냈습니다.

그 모든 건 제가 너무나 사랑했던 알리야를 중심으로 이루어졌죠."

또한, 해리스는 에센스SSENSE와 손잡고 발목까지 오는 체크무늬 스커트, 그리고 박시한 버튼 다운이 특징인 스물다섯 벌 구성의 캡슐 컬렉션을 출시하기에 이른다. "정말 친근하고, 아주 편하게 입을 수 있으며, 노트북으로 일을 할 때든, 파티 자리에서든 그 어느 때나 입을 수 있는 옷처럼 느껴졌으면 합니다."

컬렉션 수익 전액은 브루클린의 비영리 공연 예술 극장인 부시윅 스타Bushwick Starr에 기부되어, '펫 프로젝트 그랜트Pet Project Grant'라는 프로그램을 통해 일이 없는 극작가들을 돕는 데 쓰인다.

〈10 맨 매거진10 Men Magazine〉 촬영 때는 알레산드로 미켈레와 해리 스타일스와의 우정에 영감을 받아 완성된 '구찌 하하하 컬렉션'의 1970년대 스타일 슈트들을 입었다.

"여기 있는 슈트 모두 제게 딱 어울리네요. 해리와 저는 친구라서 미감이 비슷합니다. 그래서 더 소화하기 쉬웠던 것 같아요. 알렉산드로가 이 글을 보면 제가 콜라보할 준비를 끝냈다고 생각하겠죠? 네, 저는 준비 됐어요. 제오해×알미(제레미 O. 해리스×알렉산드로 미켈레의 줄임말—옮긴이)콜라보 말이에요. 타이틀은 제오해알미, 아니면 제오알미? 그래요. 제오알미가 좋겠네요."

# 에디스 헤드

Edith Head

**"가게에 들러 살 수 있는 물건으로 보이지 않도록 주의하세요.
보는 순간 숨이 턱 막히게 만드세요."**

"저에게는 여러분이 예술적, 문화적 배경이라 부를만한 것이 없었습니다. 사막에 살았고 당나귀와 잭래빗 같은 것들이 있었어요."

1897년 캘리포니아에서 태어나 프랑스어 교사로 커리어를 시작한 에디스 헤드는 의상 스케치 아티스트 구인 광고를 보고 파라마운트 픽처스에 연락했고 친구의 그림을 이용해 구직에 성공했다. 비밀은 금방 밝혀졌지만 어쨌든 고용되었고 새로운 커리어가 시작되었다.

헤드는 1938년, 파라마운트 최초의 여성 수석 의상 디자이너가 되는 등 43년 동안이나 근무했다. 그러다 1967년에 유니버설로 이직해 개인 작업실을 제공받기도 했다.

헤드가 참여한 수천 편의 작품 중에는《파리의 연인 Funny Face》,《사브리나 Sabrina》,《로마의 휴일 Roman Holiday》,《이브의 모든 것 All About Eve》,《나는 결백하다 To Catch a Thief》도 있다. 그 결과, 오드리 헵번 Audrey Hepburn, 엘리자베스 테일러 Elizabeth Taylor, 소피아 로렌 등 할리우드의 가장 매력적인 인물을 스타일링하는 영광을 누렸다(거꾸로 그 배우들이 영광을 누린 걸 수도 있다). 헤드는《이창 Rear Window》속 그레이스 켈리 Grace Kelly의 아름다운 의상을 디자인했고《화이트 크리스마스 White Christmas》의 로즈메리 클루니 Rosemary Clooney와 빙 크로스비 Bing Crosby의 의상을 맡았으며 1949년 작품인《사랑아 나는 통곡한다 The Heiress》로 첫 번째 오스카상을 수상했다. 오스카상을 후보 지명 서른다섯 번, 수상 여덟 번으로 전 부문 통틀어 지금까지 오스카상을 가장 많이 손에 쥔 여성이다(오스카 트로피 여덟 개를 '내 아기들'이라고 부르기도 했다).

헤드는 가장 독창적인 옷을 만들기보다는 함께 작업한 스타들을 기쁘게 함으로써 성공을 거두었다. "제 의견을 피력하기 보다는 고객의 요구사항에 늘 맞췄습니다. 덕분에 업계에서 이렇게 오래 살아남을 수 있었죠"

과거 유명 할리우드 여배우 대부분이 헤드와 함께 일하는 기회를 누렸다. 마를레네 디트리히 Marlene Dietrich, 리타 헤이워스 Rita Hayworth, 베티 데이비스 Bette Davis, 잉그리드 버그만 Ingrid Berman, 메이 웨스트 Mae West, 조앤 크로퍼드 Joan Crawford, 마릴린 먼로 Marilyn Monroe 모두 헤드의 의상을 입었다.

여성들하고만 일했던 건 아니다. 헤드는《스팅 The Sting》으로 오스카상을 수상한 후, "여성 스타 없이 의상상을 수상한 최초의 작품"이라고 말했다. 헤드의 작품이 다양성과 유연성으로 이미 업계 전반에서 인정받고 있음을 입증하는 결과였다.

의상 디자이너로서 헤드는 이렇게 말했다. "사람들을 기존과 다른 모습으로 변화시키기 시작했어요. 변장과 마법의 중간쯤이라 할 수 있죠. 그렇기에 디자이너는 스타만큼 중요했어요. 의상은 영화 흥행의 일부였죠." 이런 말도 남겼다. "제가 변신시킬 수 없는 사람은 없어요."

헤드는 곱슬한 앞머리, 번 헤어, 호피 무늬 안경, 셋업 슈트 등 자기만의 아이코닉한 룩을 선보였다. 그런 그의 키는 겨우 152센티미터 정도였다. "검은색 안경을 끼고 베이지색 양복을 입은 자그마한 에디스. 저는 그렇게 살아남았어요."

커리어 전반에 걸쳐 헤드는 『드레스 닥터 The Dress Doctor』와 『하우 투 드레스 포 석세스 How to Dress for Success』 두 권의 책을 출간했으며 퀴즈쇼〈유 벳 유어 라이프 You Bet Your Life〉에 출연했고 미국 항공사인 팬 아메리칸 항공과 UN 투어 가이드의 유니폼을 디자인했다. 『포토플레이 Photoplay』매거진에 기고했고〈아트 링클레터의 하우스 플레이 Art Linkletter's House Party〉에 고정 게스트로 출연했다.

그는 지난 커리어를 되돌아보며 1930년대를 긍정적으로 기억했다. "당시 배우들은 진정한 의미의 스타 별이었어요.천연 모피와 진품 보석을 두르고 다니는 특별한 존재였죠."

1981년 여든셋의 나이로 세상을 떠났다. 그러나 헤드가 스타일링한 수많은 고전 영화가 지금도 재시청 되고 있으니, 그의 유산은 계속 살아 숨 쉬고 있는 것과 같다. "상대가 원하는 걸 줘야 해, 얘야. 안 그러면 그렇게 해줄 사람을 찾아갈 거야."

# 오드리 헵번

Audrey Hepburn

**"우아함은 결코 사라지지 않는 유일한 아름다움입니다."**

오드리 헵번은 1953년 첫 주연작이자 아카데미 상을 안겨준 작품인 《로마의 휴일 Roman Holiday》을 시작으로 지금도 시대를 초월한 스타일과 우아함을 지닌 배우로 평가받고 있다.

그러나 패션 아이콘의 면모를 처음 제대로 보여준 작품은 1954년 영화 《사브리나 Sabrina》였다. 프랑스 디자이너 위베르 드 지방시 Hubert de Givenchy와의 첫 협업작품이었다. 지방시는 《사브리나》 뿐만 아니라 이후 《샤레이드 Charade》, 《백만달러의 사랑 How to Steal a Million》, 《하오의 연정 Love in the Afternoon》 등 헵번의 다른 작품에도 수차례 참여했다. 이에 보답하고자 헵번은 지방시의 향수인 랑떼르디의 메인 모델로 나서기도 했다.

"지방시의 옷을 입을 때만 진짜 제 자신이 되는 것 같아요. 지방시는 디자이너라기 보다는 개성을 불어넣어 주는 창조자에 가깝죠."

헵번은 제2차 세계대전 중 벨기에와 네덜란드에서 자랐으며, 레지스탕스 기금을 마련하고자 비밀리에 극장에서 춤 공연을 했다. 프리마 발레리나가 되겠다는 꿈은 이루지 못했지만 몬테카를로에서 우연히 콜레트 Colette의 눈에 띄어, 연극 《지지 Gigi》 무대에 서게 되었다.

필모그래피가 늘어갈수록 더욱 다양한 패션을 선보였다. 사브리나 속 끈이 없는 블랙 자수 드레스, 1969년 안드레아 도티 Andrea Dotti와의 결혼식에서 착용한 머리 스카프와 미니 드레스, 《티파니에서 아침을 Breakfast at Tiffany's》의 역대급 검정 미니드레스 등 기막히게 아름다운 패션 아이템들은 이후 수십 년동안 디자이너와 패션 애호가들에게 영감을 주었다. 《마이 페어 레이디 My Fair Lady》에서는 검은색 7부 바지에 플랫슈즈를 신거나 보석 장식 무도회 드레스와 디아라를 매치해 깊은 인상을 남겼다.

"아름다운 눈을 가지려면 다른 사람에게서 좋은 점을 찾으세요. 아름다운 입술이 갖고 싶으면 친절한 말만 하세요. 그리고 침착하고 싶으면 여러분은 결코 혼자가 아니라는 사실을 알고있는 채로 걸어가세요."

출연작은 다 합쳐 서른 편도 안 되지만 (결국 사생활을 보호하고 자선 활동에 주력하고자 배우 생활을 접었지만), 역사상 가장 위대한 스타 가운데 하나라는 헵번의 존재감은 절대 사라지지 않을 것이다.

"저는 집에 있으려고 사실상 은퇴했어요…. 저를 두고 아이를 위해 희생하는 모범적인 엄마라고 생각하지는 말아 주세요. 아주 신중히 내린 결정이었고 원한다면 이기적인 결정이라고 해도 좋습니다. 아이들과 함께 집에 있을 때가 가장 행복했어요. 내 아이들을 당연히 돌봐야 한다고 생각했기 때문에 희생이 아니었습니다."

아이들이 제법 자란 후 헵번은 유니세프 친선 대사로 임명되어 어렸을 때 자신에게 큰 의미가 있었던 조직에 보답할 수 있게 됐다.

"해방 후 첫 기억은 네덜란드에 적십자와 유니세프가 찾아와 보이는 빈 건물마다 음식, 의복, 약품을 잔뜩 채워준 일이에요. 사실 저는 전쟁이 끝나고 심각한 영양실조를 앓은 적이 있는데, 그래서 제가 음식의 소중함을 잘 안다는 건 신도 아실 거예요."

비록 예순셋의 나이로 세상을 떠났지만, 헵번의 존재가 영영 잊히는 일은 있을 수 없다. "가장 중요한 것은 인생을 즐기는 것입니다. 행복. 그게 전부입니다."

# 엘튼 존

Elton John

**"성공을 사랑했고, 차려입는 것을 사랑했고, 옷을 사랑했습니다."**

엘튼 존에 대해 우리가 모르는 게 뭐가 더 있을까?《로켓맨Rocket Man》을 부른 가수 엘튼 존은 음악계에 어느 누구보다 오랜 시간 몸담았으며 색상, 유머 어떤 제약에도 굴하지 않고 과감하게 시도하는 태도를 통해 늘 인상 깊은 옷차림을 보여준다.

"제 커리어 전체에서 패션은 매우 중요했습니다. 신경 써서 입고, 남들과 다른 모습을 보여주고, 즐기는 과정이 없었다면 저는 결코 지금과 같은 아티스트가 되지 못했을 겁니다. 절대로."

어린 시절부터 피아노를 연주하기 시작하고 1962년 블루스 밴드를 결성한 후 1969년 데뷔 솔로 앨범인 『엠피티 스카이Empty Sky』를 발표했다. 그렇게 역사가 시작되어 존은 전 세계에 음반을 3억 장 이상 판매하고 그래미상 다섯 번, 아카데미상 두 번, 케네디 센터 공로상을 받는 등 그 외에도 많은 성과를 이루었다.

맞춤 제작한 비즈 장식의 다저스 야구 유니폼은 패션 애호가들의 마음을 사로잡기에 충분했다. 뿐만 아니라 풍성한 깃털, 커다란 안경, 화려한 가발이 특징인 환상의 앙상블은 1975년 웸블리 스타디움 전석을 매진시키는 데 큰 역할을 했다.

"공연할 때는 피아노를 치느라 무대 위를 돌아다니지 못해요. 어떻게든 관심을 집중시켜야 하죠. 그래서 패션이 중요했습니다. 과거 제 스타일을 복제하지 않으려 했고 유명해질수록 더 과감해지고 싶었습니다."

구찌, 베르사체, 샌디 파웰Sandy Powell, 애니 리베이Annie Reavey, 빌 휘튼Bill Whitten, 밥 맥키 등 수많은 아이코닉한 브랜드 및 디자이너와 협업했고 잔니 베르사체Gianni Versace와는 절친한 친구 사이였다.

"특정 디자이너의 옷을 입으면 그 사람이 저의 일부이자 친구가 되는 것 같아요. 그래서 디자이너와 가까이 지내는 걸 좋아해요. 그 디자이너가 어떤 사람인지 알게 되면 그 사람도 저에 대해 잘 알게 되고, 그러면 같이 즐겁게 일할 수 있어요. 협업했던 디자이너 모두와 엄청 즐기면서 일했어요. 저를 위해 특별히 무언가를 만들어달라고 요청한 적 없었는데 늘 본인들이 자진해서 커스텀 의상을 제작해 줬어요. 저를 잘 알게 되니 아이디어가 떠올랐겠죠."

최근 그는《페어웰 옐로우 브릭 로드Farewell Yellow Brick Road》를 끝으로 데뷔 60년 만에 투어를 은퇴했다. 이제 은퇴 후 남편, 그리고 두 아들과 더 많은 시간을 보낼 수 있게 된 그는 지금, 과거 입었던 옷 가운데 두 번 다시 입고 싶지 않은 것들도 있다.

"70년대 초반에는 데님을 입었는데 지금은 정말 싫어요. 세상의 모든 데님을 불태워야 해요. 끔찍하고, 혐오스럽고, 다 없어져 버렸으면 좋겠어요."

세계 곳곳을 돌아다니며 공연하는 삶에는 멋지게 작별 인사를 끝냈지만, 최근 두아 리파Dua Lipa, 브리트니 스피어스Britney Spears와 듀엣으로 신곡을 하나씩 발매했고 두 곡 다 큰 인기를 끌었다. 우리는 「유어 송Your Song」과 「캔들 인 더 윈드Candle in the Wind」의 주인공을 더 이상 공연에서 볼 수 없겠지만, 레드 카펫과 다른 자리에서나마 오래도록 만나볼 수 있기를 기대한다. 현재로서는 다저스 스타디움에서의 마지막 미국 콘서트와 같은 시기에 디즈니+ 다큐멘터리인〈굿바이 옐로우 브릭 로드Goodbye Yellow Brick Road〉제작 소식이 있었으나 공개 여부와 일자는 미정이다.

# 그레이스 존스

Grace Jones

**"잡지 화보를 처음으로 제안한 건 「GQ」였는데 가발을 착용해 달라고 주문하더군요. 나중에 잡지를 넘기면서 이런 생각을 했습니다. '내가 봐도 난 줄 모르겠어. 이건 아니야.'"**

그레이스 존스는 패션계의 핵심 인물로서 50년 넘게 그 영향력을 발휘하고 있다. 일흔다섯 번째 생일을 맞은 존스는 시대를 초월하는 특별한 존재, 즉 '영원한 미의 아이콘'이다

존스는 자메이카에서 태어났으나 뉴욕에서 자랐고, 결국 뉴욕에서 빌헬미나 모델스 Wilhelmina Models와 60년대 후반에 계약을 맺고 머리를 모두 밀었다. "머리를 밀었더니 특정 인종, 성별, 부족에 치우치지 않아 더 추상적으로 보였습니다. 저는 흑인이었지만 흑인이 아니었고, 여성이었지만 여성이 아니었고, 미국인이었지만 자메이카인이었고, 아프리카인이었지만 공상과학 속 인물이었습니다."

1970년 파리로 이주한 후 헬무트 뉴튼 Helmut Newton과 기 부르댕 Guy Bourdin같은 사진작가와 작업했다. 이때 찍은 입생로랑과 겐조 화보는 존스에게 명성과 성공을 안겨 주었다.

플랫 탑 헤어스타일과 탄탄한 근육질 몸매를 소유한 존스는 앤드로지너스 패션을 대표하는 인물이었지만 누구도 부인할 수 없는 그 매력을 생각하면 여성성, 남성성의 구분은 중요하지 않아 보인다. 「엘르」, 「보그」, 「에센스 Essence」, 「에보니 Ebony」 표지를 훌륭히 장식했고 대부분 각진 광대뼈와 매혹적인 눈이 클로즈업 되어있다.

존스는 모델이지만 가수, 배우이기도 하다. 1977년 발표한 데뷔 앨범 『포트폴리오 Portfolio』는 스튜디오 54 Studio 54 디스코씬에 중요한 역할을 했다. 1984년 《코난 2 – 디스트로이어 Conan the Destroyer》에서 줄라 역을 맡았고, 1985년 《007 뷰 투 어 킬 A View to a Kill》로 제임스 본드 시리즈에 합류했다.

회고록 『회고록은 절대 쓰지 않겠습니다 I'll Never Write My Memoirs』를 썼고, 최근에는 향수 브랜드 '보이 스멜스'와 콜라보해 카리브 제도에 영감을 받은 향초를 출시했다. "자메이카에서는 비가 온 뒤 정말로 그런 냄새가 나요. 어린 시절 기억이 생생하게 떠올라요."

존스는 "우리 사회는 나이에 집착이 심하다"라며 나이 질문을 받으면 그냥 오천 살이라며 답한다고 한다. 그는 요즘에도 바디 페인팅을 하고 포즈를 취하거나 오트쿠튀르를 입고 멋진 모습을 보여준다. "어떻게 기억되고 싶냐고요? 저를 데킬라, 벌레, 그냥 모든 존재로 기억해 주세요."

# 프리다 칼로

Frida Kahlo

**"자기 스스로와 인생을 먼저 사랑한 뒤 다른 사람과 사랑에 빠져도 늦지 않습니다."**

프리다 칼로의 이야기는 인간 승리 서사다. 삶의 역경을 누구도 따라하지 못할 '멋진 기회'로 전환했다.

"결국 우리는 스스로 생각하는 것보다 훨씬 더 잘 견딜 수 있습니다."

1907년생인 프리다 칼로는 20세기 가장 중요한 예술가로 손꼽힌다. 풀이 무성한 멕시코, 생생한 색깔의 야생동물, 수많은 자화상을 그렸고 자화상 일부는 어릴 적 소아마비와 열여덟 살에 버스 사고로 몸이 망가지면서 겪었던 고통과 부상을 간접적으로 표현한다.

"광기의 장막 뒤에서는 내가 원하는 것이 될 수 있으면 좋겠어요. 하루 종일 꽃꽂이를 하고, 고통, 사랑, 부드러움을 그리고 싶어요. 다른 이들의 어리석음에 기뻐하며 웃으면 모두 저를 두고 이렇게 말하겠지요. 불쌍한 것, 제정신이 아니네."

남들과 다른 모습을 감추고자 입었던 로맨틱한 롱스커트와 루즈 핏 블라우스 등 눈에 띄는 옷차림은 작품 소재가 된 적도 많다. 프리다가 살아있던 시대에는 프랑스인처럼 보이는 것이 훨씬 더 패셔너블했기에 칼로의 스타일은 당시 규범과 거리가 멀었다. 남편인 예술가 디에고 리베라 Diego Rivera 는 칼로가 테후아나 스타일로 입기를 원했고, 칼로가 남편을 미친 듯이 사랑했다는 것은 널리 알려져 있다.

칼로는 어머니에게서도 영감을 받았다. "어머니는 눈이 예쁘고, 입이 아주 매력적이며, 피부가 어둡고 키가 작았습니다. 멕시코 오악사카주의 초롱꽃 같았어요. 시장에 갈 땐 우아하게 벨트를 차고 바구니를 요염하게 메고 다녔어요."

칼로의 독특한 외모는 길들여지지 않은 콧수염과 남편이 새의 날개라고 불렀던 일자 눈썹이 한몫한다. 머리는 중간 가르마를 타고 종종 우아한 머리 싸개 coif 를 쓴 뒤 실크와 작은 메탈형 꽃다발로 머리를 장식한다.

자화상 속 칼로의 눈은 흔히 그림을 보는 사람을 똑바로 응시하고 있어서 마치 질문을 하라고 부추기는 것 같다.

"제 몸에서 가장 마음에 드는 부위는 뇌예요. 얼굴에서는 제 눈썹과 눈이 좋아요."

헬레나 루빈스타인 화장품과 레브론 매니큐어를 사용하고 송송 콜럼버스 이전 시대의 옥 목걸이를 당당히 착용했다. 칼로는 어떤 환경에서도 아름다움을 찾는 재능이 있었다. 한쪽 다리가 절단된 후에는 의족에 초록색이 섞인 밝은 빨간색 부츠를 신겼고, 초록색 부분에는 분홍색과 흰색의 중국식 실크 자수를 수놓았다.

리베라는 1954년에 칼로가 세상을 떠난 후 그의 옷과 소지품들을 집 욕실에 봉인해 두었다. 그리고 이 보물 더미는 2004년이 되어서야 세상 밖으로 나오게 된다. 여기에는 의류, 보석, 액세서리 300여 개가 포함되어 있었다. 대부분 면과 실크였으나 멕시코시티의 기후에도 불구하고 대부분 잘 보존된 모습이었다.

이 컬렉션은 2012년 멕시코시티 프리다칼로미술관에서 열린 〈겉모습은 속일 수 있다: 프리다 칼로의 드레스 Appearances Can Be Deceiving: The Dresses of Frida Kahlo〉와 2018년 런던 빅토리아앨버트박물관의 〈프리다 칼로: 그녀의 자아를 만들다 Frida Kahlo: Making Her Self Up〉에 전시되었다.

칼로는 생전에 큰 인정을 받지는 못했지만, 오늘날에는 '프리다마니아(옷차림, 헤어스타일, 장신구, 짙은 눈썹에 이르기까지 프리다 칼로를 좋아해 따라 하는 사람을 의미함—옮긴이)'를 양산할 정도로 그 인기가 대단하다. 미술, 예술, 패션뿐만이 아니라 강인한 여성상으로서 우리에게 커다란 영향을 주는 인물임이 분명하다.

# 가와쿠보 레이

Rei Kawakubo

**"제 옷을 보고 있으면 제가 정상이 아니라는 생각이 들겠지만 저는 정상이에요.
이성적인 사람은 정신 나간 작품을 만들 수는 없는 건가요?"**

특유의 짙은 선글라스를 끼고 기하학적 모양의 단발머리를 한 가와쿠보 레이는 50년 넘게 아방가르드 패션의 선두를 지켜왔다.

1942년 도쿄에서 태어나 자랐고 아버지가 행정관으로 근무하던 게이오대학교에서 미술과 문학을 공부해 '미술사' 학위를 받았다. 섬유 회사 마케팅 부서에서 근무했고, 스타일리스트로 전직해 고객을 위해 옷을 디자인하기 시작했다.

가와쿠보는 꼼데가르송을 설립해 1980년 일본 전역에 150개의 프랜차이즈 매장을 갖고 있었다. 초기에는 '앞치마 모양 데님 스커트'가 특징이었다고 한다. "인기가 정말 많아서 다른 버전도 여럿 만들었다."고 전했다.

일본에서는 이미 유명세를 떨친 후 파리에서 첫 번째 컬렉션을 선보였을 때 그의 나이는 마흔에 가까웠다. 검은색과 비대칭 형태가 가득한 1981년 '파괴 컬렉션'에 대한 반응은 적어도 비평가들에게는 다소 부정적이었다. 그러나 사이즈에 구애받지 않거나 남편에게 어필하는 것에 크게 관심이 없는 등 일반 대중은 레이의 스타일에 칭찬할 거리가 많았다. 해체주의 관점이 당시에는 분열을 초래했지만 돌이켜 보면 큰 영향력을 발휘했다.

가와쿠보는 "혁명을 일으킬 의도는 없었다."고 말한다. "파리에 온 유일한 이유는 제 눈에 강하고 아름다운 것들을 보여주기 위해서였습니다. 하지만 공교롭게도 다른 사람들은 제 생각과 달랐어요."

70년대에 디자인을 시작했을 때, 가와쿠보는 "남편의 생각에 흔들리지 않는" 여성을 위한 옷을 만들었다고 한다. 자신의 옷 스타일을 '반항적'이고 '공격적'이라고 불렀지만 부드러움도 빠뜨리지 않았다.

꼼데가르송은 도쿄에서 나이키, 비비안 웨스트우드, H&M 등 브랜드와 콜라보했다. "창작과 사업 사이 균형을 맞추는 일에 늘 관심 있어요." 가와쿠보는 또한 3개 대륙에 도버 스트리트 마켓 백화점을 열었다.

2017년 메트로폴리탄 미술관이 가와쿠보를 주제로 전시를 열었는데 오프닝 행사인 멧 갈라에서 리아나는 구조적 디자인이 돋보이는 가와쿠보 드레스를 입었다.

80세의 가와쿠보는 여전히 컬렉션을 작업하며 '고생' 하고 있다고 이야기한다.

"이 시대의 사람들은 자연스럽고, 편안하고, 스타일리시하게 입고 싶어 하고 과한 것은 원하지 않아요. 사람들이 과한 옷을 두려워하고 피하면 제 사업은 힘들 수밖에 없어요. 우리 디자인팀이 진짜 만들고 싶은 옷을 만들어 출시하더라도 사람들은 이런저런 이유로 외면하겠죠. 다들 마음을 열고 과하게 느껴지는 옷도 시도해 보면 좋겠습니다."

# 따이앤 키튼

Diane Keaton

"저는 자립심이 강해 아무도 제게 뭘 하라고 말하지 않아요.
저희 어머니는 그 점을 격려해 주고 제가 성취하고 싶은 것들을 이룰 수 있게 도와줬어요.
저는 제가 원하던 길을 따라왔습니다.
주택개량, 건축학, 시각 자료, 패션 다 좋아해요."

다이앤 키튼은 1970년대에 커리어를 시작해 50년 동안 큰 주목을 받았다. 캘리포니아 패서디나 근교에서 태어나 60년대 후반 연기를 공부하러 뉴욕으로 이주했다. 이후 브로드웨이 뮤지컬 《헤어 Hair》의 대역배우가 되었고 이후 우디 앨런 Woody Allen 감독이 작품에 캐스팅하기 시작했다.

키튼은 연속물과 영화 50편 이상에 출연하며 업계에서 자리를 굳건히 지키고 있다. 그녀의 독특한 성격, 자기비하 유머, 유니크한 패션이 없는 연예계는 상상조차 할 수 없다. 거쳐온 수많은 배역을 근본적으로 더 돋보이게 만들어 준 것은 단연 그 유니크한 '패션스타일'이다.

"저는 어렸을 때도 패션에 푹 빠져 있었어요. 어머니와 함께 옷 패턴을 고르고, 제가 뭘 원하는지 말하면 어머니는 그대로 옷을 만들어줬어요."

맞춤 제작 수트, 볼륨감 있는 스커트, 특대형 벨트, 하이웨이스트 팬츠, 블랙, 화이트, 베이지, 그레이의 뉴트럴한 색 조합, 다양한 스카프, 그리고 못 말리는 모자 사랑도 절대 빼놓을 수 없다.

"1970년대 뉴욕 거리에서 보이는 남성복 스타일을 일찍이 동경했어요. 여성들도 바지를 입고, 넥타이도 많이 매고 다녔죠. 초창기에는 랄프 로렌이 있었습니다. 최초로 여성용 정장 바지 세트를 디자인하고 넥타이를 매칭했어요. 요즘 등장한 패션이 아니에요. 캐서린 헵번 Katharine Hepburn과 마를레네 디트리히 Marlene Dietrich 둘 다 정장과 턱시도를 입었어요."

키튼이 《애니 홀 Annie Hall》에서 착용한 랄프 로렌 정장 조끼와 넥타이로 구성된 앙상블은 이후 선보일 스타일의 기반이 되었다. "그 시기 이후로 이것저것 자유롭게 시도할 수 있었죠."

키튼은 자신의 스타일을 두고 이렇게 말했다. "다채롭고 독창적이에요. 대답이 됐을까요?" 그리고 자신이 패션 롤모델이라고 절대 생각하지 않는다.

"저는 아이콘이 아니에요. 오히려 문외한에 가깝죠." 키튼은 닉 푸케의 모자와 바론 햇츠의 팬이며 톰 브라운, 꼼데가르송, 도버 스트리트 마켓, 런던에 위치한 에그, LA의 누들 스토리즈도 애용한다.

"가지고 있는 모자가 총 몇 개인지 셀 수는 없지만 예전 모자를 다 간직하고 있어요. 모자는 제 친구예요."

키튼은 가능하면 자신의 의상을 직접 고르는 쪽을 선호한다. "제가 저를 스타일링 한다는 건 매우 방어적인 행동이에요. 많은 죄를 숨기니까요. 불안 같은 결점들 말이에요. 짧은 치마나 팔이 드러난 상의를 입고 있으면 불편할 걸요. 모자는 옛날부터 좋아했어요. 머리 쪽으로만 시선을 집중시켜줘요. 물론 아무도 저만큼 모자가 대단하다고 정말 생각하지는 않지만요."

아카데미 상을 받고, 책을 쓰고 와인을 만들고 집을 개조해서 되팔고 아이도 두 명 키웠다. 그다음이 뭐가 됐든 준비되어 있다.

"저는 열심히 살고 싶어요. 좀 특이한 삶이지만 정말 행복해요."

# 솔란지 놀스

Solange Knowles

**"저는 패션보다 스타일에 훨씬 더 관심이 많아요.
나를 나 자신으로 만드는 게 스타일이죠."**

솔란지 놀스는 열여섯 살에 데뷔 앨범 『솔로 스타Solo Star』를 발표했다. 그전에는 데스티니스 차일드Destiny's Child의 백업 댄서와 가수로 몇 년간 활동하며 비욘세의 여동생이라는 이미지를 떨치기 위해 노력했다.

"아홉 살 때부터 곡을 썼어요. 작곡은 저의 첫사랑이자 열정이었고 앞으로도 변함없을 거예요."

이후 연기도 하고 자신과 다른 아티스트를 위해 곡을 쓰다가 결국 앨범 두 장을 추가로 발매했다. 이를 계기로 소니 뮤직 산하 독립 레이블인 세인트 레코즈를 설립하여, 현재는 소니뮤직이 유통을 담당한다. 그리고 2016년 앨범 『시트 엣 더 테이블A Seat at The Table』을 퍼포먼스 아트 형태로 선보이며 대중에게 놀라움과 감동을 주었다.

"저는 엔터테인먼트에는 전혀 관심 없어요. 시청자와 공연자 사이 에너지 교환에 관심 있을 뿐이죠. 그러기 위해서 스타일, 에너지, 공간을 통해 누구나 공감하고 즐길 수 있는 경험을 선사하려고 노력해요."

2017년 『시트 엣 더 테이블』로 빌보드 여성 음악인 시상식에서 임팩트상 수상의 영광을 안았다.

레드 카펫 위 과감한 룩이든, 퍼포먼스 아트 속 미니멀리스트 스타일이든 패션과 의상은 놀스의 정체성과 예술 활동에 없어서는 안 되는 부분이다. 그러나 미니멀리스트 스타일을 채택했다는 이유로 거센 반발을 마주해야 했다. "그땐 정말 여러 감정이 들었고 결코 잊지 못할 거예요. 흑인 여성은 미니멀리스트가 될 수 없고 잔잔한 존재가 될 수 없다는 사고방식이 있어요. 기대에 부응하려면 우리는 크고 요란하고 폭발적인 존재가 되어야 하죠."

놀스는 알레산드라 리치, 레이첼 로이, 마르니, 겐조, 살바토레 페라가모, 루이비통, 구찌 등 거의 모든 디자이너 브랜드를 착용했다.

질감을 살린 니트와 구조적 디자인이 돋보이는 제품부터 시그니처 드레스(밝은 노란색의 장 폴 고티에 드레스 참조)와 반짝이 슈트까지 다양한 스타일을 소화했다. 색을 적극적으로 활용하면서도, 종종 순백의 의상을 입고 나타나 보는 이를 매료시킨다.

2020년 「하퍼스 바자Harper's Bazaar」 디지털 커버 촬영 때는 스타일링을 직접하면서 시와 에세이도 몇 편 기고했다. 한 섹션에 이런 글이 실렸다. "나의 몸은 단순히 그릇이 아니라 진실이다. 내 몸은 살고, 숨 쉬고, 생생하고, 건강하다. 당신은 그 몸을 어떻게 힐 깃인가? 나는 빨랫줄에 빨래를 널며 내 옷들이 나에게 자신의 비밀을 말해줄지 궁금해하고 있다. 내가 그들의 악령을 밖으로 내보낼 수 있는지. 옷단 끝에서 나온 물이 풀에 떨어져 숨을 불어넣을 수 있는지. 나는 의식을 치르듯 차가운 물에 내 비단옷을 씻는다."

그래미상을 수상한 싱어송라이터이자 작곡가이자 배우일 뿐 아니라 패션계에서 꾸준히 존재감을 드러낸 놀스는 푸마, 캘빈 클라인과 협업하고 림멜 런던 메이크업의 의 새 얼굴이 되었으며 데리온의 모델로도 활동했다.

2019년에는 『웬 아이 겟 홈When I Get Home』을 발매했고 2022년에는 『인 패스트 퓨필스 앤드 스마일즈In Past Pupils and Smiles』 아트북을 출간했다. 해당 책은 2019년 베니스 비엔날레의 마지막 퍼포먼스, 《인 패스트 퓨필스 앤드 스마일즈》의 모든 과정을 시간 순으로 담아냈다.

"제가 엄청 어렸을 때부터 직감을 믿어보라는 제 내면의 목소리가 들려왔어요. 지금까지도 직감은 제 인생에서 정말 정말 강력한 역할을 했어요. 제법 또렷한 목소리로 제가 어디로 가야 할지 알려줬어요. 가끔 그 목소리를 무시했던 적도 있었지만, 매번 결과가 좋지 않았어요."

# 셜리 쿠라타

Shirley Kurata

"우리는 모두 인간이고, 각자 불안감을 안고 살아가지만 그래도 괜찮습니다.
진정으로 쿨한 사람은 진실하고, 흥미롭고, 독특한 것을 창조하고, 실행하고, 그 힘을 믿습니다.
제가 아는 쿨한 사람들 중에는 침착한 괴짜도 더러 있어요.
그러니 여러분 안에 있는 괴짜의 모습과 독특함을 받아들이세요!"

LA에서 활동하는 스타일리스트이자 자칭 크리에이티브 콜라보레이터로서 컬러를 적극 활용하는 셜리 쿠라타는 대담한 패턴과 비비드한 빈티지를 수용하며 자신의 개인 스타일을 '모드 시크리터리 mod secretary'라 표현한다

타겟, 폭스바겐, 크리니크, 웨스트필드 등 캠페인의 스타일링을 담당한 것으로 유명한 , 90년대 패션계의 주요 인물이었다. 쿠라타는 로다테의 런웨이 캠페인, 「보그 타이완」 화보, 더 베네시안 광고, 셀레나 고메즈 Selena Gomez 뮤직 비디오, 텔레비전 시리즈 《제너레이션 Genera+ion》, 영화 《알파독 Alpha Dog》 등의 활동을 펼쳤다.

최근에는 한정된 예산으로 영화 〈에브리씽 에브리웨어 올 앳 원스 Everything Everywhere All At Once〉의 의상디자인과 스타일링을 맡았다. "창의력을 마음껏 발휘할 수 있는 프로젝트에 참여하게 되어 매우 기뻤어요. 관람객들에게 긍정적인 평가를 받을때면 뿌듯하기도 하고요. 아시아계 미국인의 이야기를 매우 독특하고, 사려 깊고, 창조적인 방식으로 다루면서도 사랑, 수용, 공감의 메시지를 통해 보편적 공감을 일으키는 영화에 함께할 수 있어 자랑스럽습니다."

'학생 대부분이 백인인 사립 학교'에 자신이 어울리지 않았다고 말해온 쿠라타에게도 중요한 메시지이다. "한 선배는 저에게 '영어를 할 줄 아냐?'고 진지하게 물었어요."

"저는 일본 잡지에 푹 빠져있었어요. 잡지 속 패션과 스타일링이 너무 좋아서 제 스타일로 재해석하고는 했어요." 캘리포니아주립대학교 롱비치 캠퍼스에서 미술을 전공했고 패션 디자인을 공부하기 위해 파리로 건너갔다.

쿠라타는 빌리 아일리시, 민디 칼링 Mindy Kaling, 아지즈 안사리 Aziz Ansari, 레나 던햄 Lena Dunham 뿐만 아니라 〈더 보이스 The Voice〉에 출연한 퍼렐 Pharrell의 스타일링을 맡았으며, 「페이퍼 Paper」 와 「누보 Nuvo」에도 여러 번 특집 기사가 실렸다. 2015년 남편 찰리 스턴튼 Charlie Staunton과 함께 새로운 스타일의 빈티지 남성복을 판매하는 버질 노멀 부티크를 열었다.

"여기 가게를 하면서 많은 보람을 느꼈고, 예상치 못한 놀라움도 있었어요. 단순히 가게를 운영하는 것 이상으로, 커뮤니티의 일원이 된 듯한 느낌이었거든요. 이벤트를 열고 이웃들과 함께하며 정말 많은 사람, 예술가들, 디자이너들을 만날 수 있었어요."

하지만 쿠라타는 아직 업계 정복을 끝내지 못했다. "쉽지 않은 여정이었어요. 누군가에게 발탁된 것도 아니고 인맥도 없었죠. 오랫동안 형편없는 저예산 영화들을 맡았어요. 매우 더딘 과정이었고 지금 위치에 오기까지 정말 큰 노력이 필요했죠. 바라던 그곳까지는 아직 남았지만 점점 가까워지고 있어요."

# 쿠사마 야요이

Yayoi Kusama

**"저는 물방울무늬와 무한히 반복되는 그물망 패턴으로 작품을 만들 때 태산 같은 기운을 얻어요. 절대 지치지 않죠."**

아흔세 살의 스타일 아이콘이 몇 명이나 떠오르는가? 일평생 우리에게 과감하고 아름다운 패션을 선보인 쿠사마 야요이라면 패셔니스타로 불릴 자격이 충분하다.

일본에서 나고 자란 야요이는 1958년 뉴욕으로 이주하여 그 후 60년대 내내 뉴욕 예술계에서 이름을 떨쳤다. 그림, 설치물, 퍼포먼스 아트 뿐만 아니라 패션도 처음부터 쿠사마의 작품세계에서 중요한 역할을 했다.

1968년 '쿠사마 패션 회사 Kusama Fashion Company Ltd'를 설립했고 블루밍데일스 백화점을 포함한 여러 곳에서 점이 가득 찍힌 아방가르드 작품들을 팔기 시작했다. 그즈음 두 남자를 위한 독특한 웨딩드레스도 만들며 '미국 최초로 추정되는 남성 동성애자 결혼식을 주도'했다고 「인덱스」 잡지에서 말했다. "두 사람을 위한 드레스, 즉 두 사람이 같이 입을 수 있는 드레스를 만들었어요."

만약 쿠사마를 알고 있다면 그녀가 물방울무늬의 열혈팬인 것도 알 것이다. 물방울을 자신의 팝아트 작품의 중심 테마로 삼아 전 세계적으로 60년 넘게 호평을 받아왔다.

하지만 물방울은 쿠사마의 멀티미디어 아트에만 국한되지 않고 오히려 쿠사마 개인 패션에 자신 있게 드러내는 것으로 유명하다. 턱까지 내려오는 시그니처 빨간 가발을 쓴 채 패션을 설치물의 확장으로 보고 패턴에 몸을 숨긴다.

세월이 흘러도 물방울을 향한 그녀의 열정은 전혀 시들지 않았다. 자서전 『인피니티 넷 Infinity Net』에서 '하나의 물방울: 수십억 개 중 하나의 입자'라는 콘셉트를 탐구하기도 헸다. "물방울에 대한 저의 열정은 전혀 변하지 않았습니다. 더 많은 작품을 만들고 싶어요."

2012년, 쿠사마는 마크 제이콥스가 크리에이티브 디렉터로 있던 루이비통과 협업해 물방울무늬 가방, 액세서리, 레디투웨어 컬렉션을 출시했다.

그리고 10년 후, 루이비통과 쿠사마는 '인피니티 미러드 룸'에 영감을 받은 또 다른 컬렉션을 제작하기 위해 다시 뭉쳤고, 소셜 미디어 덕분에 전시회 티켓이 오픈 전에 매진되는 등 쿠사마의 인기는 계속 늘고 있다.

쿠사마가 성공을 거두기까지 많은 고난이 뒤따랐고 세상에 인정받는 과정도 결코 순탄하지 않았다. 그러나 항상 일관되게 '통일성'을 강조했다. 그녀가 패션을 보는 관점도 마찬가지다. 자서전에서 그녀는 "옷은 사람들을 분리하는 것이 아니라, 하나로 이어줘야 한다."고 언급했다.

# 스파이크 리

Spike Lee

**"이 점은 확실히 해주세요. 버질 아블로 슈트는 푸크시아 컬러였습니다. 핑크가 아니라 푸크시아이며 여기에 비하인드 스토리가 있습니다. 돌아가신 제 어머니 재클린 리**Carroll Shelton Lee**가 가장 좋아하는 색이 푸크시아였어요. 어머니에 대한 헌사였죠."**

스파이크 리는 열렬한 스포츠 팬이자 성공한 뉴요커다. 또한, 아카데미 상을 받은 유명 영화제작자이기도 하다. 2019년에는 영화 《블랙클랜스맨BlackKkKlansman》 크게 흥행하면서 오스카 최고각색상을 받기도 했다. 코트 좌석에서 닉스Knicks 경기를 관람하든, 뉴욕대학교에서 강의를 하든, 영화 시사회에 참석하든 스파이크 리의 아우라는 때와 장소를 가리지 않는다. 그의 특유의 자신감은 초기 작품부터 강하게 드러났다. 1986년 획기적인 작품으로 평가받았던 《당신보다 그것이 좋아She's Gotta Have It》와 1989년 사회와 문화 전반에 큰 영향을 미친 《똑바로 살아라Do The Right Thing》가 이를 증명한다.

"제 데뷔작인 《당신보다 그것이 좋아》에서 마스 블랙몬Mars Blackmon이 조던을 신고 있었던 것은 우연이 아니에요. 카잘 안경을 착용하고 있었던 것 역시 우연이 아니죠. 브루클린 자전거 모자를 쓰고 있었던 것도 우연이 아닙니다. 알다시피, 저는 뭐가 잘나가는지 알아요. 여기, 뉴욕에 살고 있으니까요. 그냥 길만 나서도 바로 눈에 보이잖아요."

1988년, 리는 마이클 조던 첫 브랜드 광고를 연출하고 광고에 마이클 조던과 함께 마스 블랙몬 캐릭터로 출연해 오늘날까지 회자되고 있다.

《똑바로 살아라》는 미국 사회 내 인종 대립 문제를 적나라하게 표현한 작품으로 높이 평가받고 있으며, 미셸과 버락 오바마가 첫 데이트에서 관람했던 영화이기도 하다. 흑인 공동체가 일상에서 직면하는 사회 문제에 목소리를 냈을 뿐만 아니라, 스트릿패션과 힙합 문화를 더 널리 알리는 데에도 중요한 역할을 했다.

리는 모어하우스대학을 다니다가 1977년 여름, 영화제작자가 되기로 결심한다. 1979년에 대학을 졸업한 후 그는 뉴욕대학교 대학원 영화과에 입학했다. 졸업작품으로 스튜던트 아카데미상을 받았고, 그 이후 성공 가도를 달렸다. 리는 영화 속 개성있는 미적 감각으로도 유명하지만, 레드 카펫 위에서든 가장 좋아하는 스포츠 경기장에서든 개인 스타일이 뚜렷한 것으로도 잘 알려져 있다. 사실, 리는 지역 스포츠팀에 대한 충성심이 높다고 알려져 있다. 그래서 스포츠 브랜드인 뉴에라와 파트너십을 맺게 되었고, 이제는 뉴에라와 콜라보해 모자 시리즈를 디자인하기에 이르렀다.

"저는 그저 1996년 월드 시리즈 때 제 야상 점퍼에 빨간색 양키스 모자를 매치하고 싶었을 뿐이었어요. 그래서 뉴올리언스에 있던 뉴에라 디자인 팀이 양키스 측에 문의해보겠다고 했고, 놀랍게도 승낙을 받았죠. 그 날 허가를 내린 사람이 누구였든, 정말 현명한 결정을 한 겁니다."

2019년 아카데미 시상식에서 오스카상을 수상한 날 밤, 리는 미국의 전설적인 뮤지션 '프린스Prince'에게 경의를 표하는 의미로 오즈왈드 보탱의 보라색 슈트와 팅커 햇필드에게 주문 제작을 맡긴 금색 조던을 착용했다.

"오즈왈드에게 사람들이 조던을 볼 수 있도록 발목이 드러나는 바지를 입혀달라고 했습니다. 전 누가 뭘 입든 관심 없어요. 레드 카펫에서 제가 제일 돋보일 거예요. 남자든 여자든 15인치 힐을 신든 신경 안 써요. 아무도 제 조던에는 못 덤빌걸요. 엄청나게 단정하고 빈틈없는 모습을 보여줄 겁니다."

2020년에는 오스카 시상자로 레드 카펫에 복귀했다. 이번에는 코비 브라이언트Kobe Bryant에 대한 헌사로 LA 레이커스the Lakers의 보라색과 금색의 커스텀 구찌 정장을 입고, 옷깃에 24번을 달고 나이키의 '코비9 엘리트 스트레티지Kobe 9 Elite Strategy' 운동화를 신었다.

그는 공개 행사에서 시그니처인 둥근 테 안경, 품위 있는 샤포, 세련된 슈트를 자주 선보인다. 2021년 칸 영화제에는 심사위원장으로 등장해 루이비통의 버질 아블로Virgil Abloh가 디자인한 푸크시아 컬러의 더블브레스티드 슈트를 입고 레드 카펫을 다시 한번 빛냈다. 그리고 그날 빨간색, 흰색, 파란색 조합의 커스텀 하이탑 운동화를 매치했다. 운동화 오른쪽 혀에는 리의 얼굴과 그 위 아래에 각각 "칸 영화제", "심사위원장" 이라는 문구가 새겨져 있다. 리는 말한다. "운동화가 답이야. 다 운동화 덕분이었어!It's da shoes. It's gotta be da shoes!"

# 안토니오 로페즈

Antonio Lopez

**"늘 새로운 것들이 궁금해요.
그게 제가 거리를 사랑하는 이유죠.
뉴욕이나 파리를 돌아다니는 것만으로도 아이디어를 굉장히 많이 얻을 수 있어요."**

푸에르토리코 태생의 안토니오 로페즈는 대담하고 역동적인 패션 일러스트로 1960년대에 패션계에 발을 들여놓았다. 예술 감독인 후안 라모스Juan Ramos와 함께 작업했고 두 사람은 장차 20년 넘는 시간을 함께했다.

"제가 패션계에 입문했을 당시 일러스트레이션은 죽은 예술이었습니다. 제가 수혈을 했죠."

열 살에서 열두 살 무렵 로페즈는 뉴욕 트라파겐패션학교를 다녔고 뉴욕예술디자인고등학교를 거쳐 뉴욕 패션기술대학교FIT에 진학했다. 거기에서 같은 푸에르토리코인 라모스를 만나면서 두 사람의 창의적인 파트너십이 시작되었다. 1962년에 대학을 중퇴하고 「우먼스 웨어 데일리Women's Wear Daily」에서 풀타임으로 근무하다가 그만두고 「뉴욕 타임스」에서 프리랜서로 활동을 시작했다.

스타일 권위자로 불리우던 로페즈는 수많은 디자이너, 잡지사와 함께했다. 일러스트 공동 작업부터 디자인, 컬렉션 제작, 스타일링까지 다양한 방식으로 협업했다. 예술 파트너 라모스와는 일적으로 공생 관계였고, 사적으로는 가끔 로맨틱하기도 했지만 그렇지 않은 경우가 더 많았다.

이렇듯 셀 수 없이 많은 유형의 작업물을 창작했을 뿐만 아니라, 제리 홀Jerry Hall 같은 모델을 발굴한 것으로도 잘 알려져 있다. 그는 유색인종 여성과 규범에서 벗어난 아름다움을 옹호했기 때문에 '안토니오 걸스'라 불리는 모델에는 그레이스 존스Grace Jones, 도나 조던Donna Jordan, 팻 클리블랜드Pat Cleveland, 캐롤 라브리애Carol LaBrie, 알바 친Alva Chinn, 아미나 워수마Amina Warsuma가 포함된다.

혼자 힘으로 스타일 전문가로 우뚝 선로페즈는 1973년 8월 시그니처 중절모를 뽐내며 「인터뷰」 잡지의 표지를 화려하게 장식했다. 당시 영국 브랜드인 미스터 피쉬의 셔츠와 뱀 가죽 부츠, 벨벳 모자를 매치했다.

로페즈의 패션 일러스트는 살바도르 달리Salvador Dali와 헬무트 뉴턴Helmut Newton의 극찬을 받았으며, 「인터뷰」 1975년 4월호 표지에 실린 브리지트 바르도Brigitte Bardot 스케치와 「GQ」 잡지의 제임스 딘 스케치도 그의 손에서 탄생했다. 블루밍데일스백화점가 의뢰한 작품과 여러 다양한 출판물에서는 선명하고 깨끗한 선과 밝은 색상을 사용했다. 카를 라거펠트Karl Lagerfeld와 긴밀히 협력했을 뿐 아니라 「인터뷰」 잡지의 사내 디자이너로 일할 때는 앤디 워홀과도 호흡을 맞췄다.

로페즈는 사진을 보고 작업하기보다는 살아 숨 쉬는 피사체를 선호했다. "모델과 함께 일하는 게 좋습니다. 그러면 일러스트에 더 생기가 흐르고 더 실제처럼 보입니다." 그러나 그는 슬프게도, 1987년 에이즈로 마흔네 살의 나이로 세상을 떠났다. 파트너인 라모스는 8년 후에 같은 운명을 맞이했다.

로페즈의 유산은 오늘날에도 살아 숨 쉰다. 2012년, 로페즈의 삶과 작품을 재조명하는 모노그래프인 『안토니오: 패션, 예술, 섹스&디스코Antonio: Fashion, Art, Sex & Disco』가 출간됐다. 2016년에는 엘 무세오 델 바리오에서 그를 기리는 회고전 〈안토니오 로페즈: 퓨처 펑크 패션Antonio Lopez: Future Funk Fashion〉이 열렸다. 작품을 400개 넘게 만나볼 수 있는 종합 전시였다. 2018년에는 제임스 크럼프James Crump 감독의 다큐멘터리 〈안토니오 로페즈 1970: 섹스, 패션&디스코Antonio Lopez 1970: Sex, Fashion & Disco〉가 개봉했다.

# 마돈나

Madonna

**"저는 저의 실험작입니다.
저는 제가 만든 예술작품입니다."**

원뿔형 브래지어부터 십자가 액세서리, 오트쿠튀르에서 청청패션까지 마돈나의 패션에 관해서라면 책 한 권은 거뜬하다(이미 출간된 책도 몇 권 있다).

전해진 바에 의하면 1979년 마돈나는 주머니에 달랑 35달러만 가지고 미시간주 로체스터 힐스를 떠나 뉴욕으로 향했다고 한다.

"처음 뉴욕에 와서 음악을 만들기 시작했을 때, 저는 돈이 많지 않았어요. 직업을 찾아 뉴욕을 돌아다니며 특별한 사람이 되고 싶어 했던 10억 명의 소녀 중 하나였죠. 돈이 없으면 사람은 무엇으로 주목받을 수 있을까요? 바로 개인 스타일이죠!"

1983년 《럭키 스타 Lucky Star》 뮤직비디오에서 선보인 검은색 그물망 크롭탑, 손등만 덮는 레이스 장갑, 검정색 헤어 리본, 별과 십자가 모양의 다양한 액세서리부터 딸 루데스 Lourdes와 함께 운영하는 옷, 향수, 액세서리 라인 사업에 이르기까지 마돈나는 단 한순간도 스타일리시함을 잃지 않았다.

"향수, 미용 제품, 옷 뭐가 됐든 무언가를 만드는 일을 가볍게 여기지 않고 긴 시간을 투자합니다. 다른 사람이 만들어 준 건 좋아하지 않아요."

마돈나는 역대 앨범 판매액이 가장 높은 여성 아티스트며, 2004년 영국 음악 명예의 전당에 헌액됐다. 또한 《에비타 Evita》로 골든 글로브상을 받은 여배우이자 프로듀서, 감독이다. 마돈나는 너무 유명해서 성 빼고 이름이면 된다. 신성한 오리지널은 그렇다. 그런 마돈나가 다른 모습을 보여줄 때마다 사람들은 주목한다.

"어떤 존재가 되고 싶은지 말할 수 없고, 느낄 수 없고, 결코 그 사람이 될 수도 없는 특정 나이가 있다고 생각하지 않아요."

80년대에는 핑크색 플라스틱 뷔스티에에 보석을 잔뜩 두르고 머리를 한껏 부풀렸다. 흰 코르셋에 튤 스커트와 '보이 토이' 벨트 버클을 매치하기도 했다. 《마돈나의 수잔을 찾아서 Desperately Seeking Susan》에서는 검은색과 금색 장식 재킷을 걸치고 팔찌를 겹겹이 착용했다. 90년대에 들어서는 올블랙 슈트를 입거나 검정 브래지어에 속이 다 비치는 레이스 탑을 걸쳤다. 장 폴 고티에가 디자인한 핑크색 원뿔브라 코르셋도 유명하다. 이후로도 매 10년마다 패션 역사에 강렬한 흔적을 남기고 있다.

2012년 슈퍼볼 공연에서 우리의 '팝의 여왕'은 반짝이는 이집트의 카프탄, 필립 트레이시의 머리 장식, 사제복을 입고 관객을 압도했다. 2017년, 「하퍼스 바자 Harper's Bazaar」 화보에서는 구찌, 크리스찬 디올, 스텔라 매카트니를 완벽하게 소화하기도 했다. 그리고 2018년 멧 갈라에서 장 폴 고티에의 풍성한 블랙 볼 가운을 입고 세계인의 무대를 화려하게 장식했다. 마돈나는 스타일리스트이자 의상 디자이너인 아리안 필립스 Arianne Phillips와 20년 넘게 협업하고 있다.

"도발하고 싶어요. 사람들을 생각하게 만들고 싶어요. 사람들의 마음을 어루만져주고 싶어요. 이 세 가지를 한 번에 할 수 있을 때 무언가를 제대로 성취한 것처럼 느껴져요."

# 크리스틴 맥메너미

Kristen Mcmenamy

## "저는 한가지 스타일 얽매이지 않아요.
## 그날 그날 기분이나 날씨에 따라 바뀌는걸요."

새로운 패션 시대가 열려도 과거에서 영감을 찾는 순간들이 있다. 1990년대의 상징적인 모델 크리스틴 맥메너미는 「보그 이탈리아」와 「i-D」 매거진의 표지에 등장하는 등 일종의 르네상스를 경험하고 있다. 이는 결국 마음을 바꿔 인스타그램에 가입한 덕분도 있다.

뉴욕 주 버팔로에서 아일랜드계 미국인 가톨릭 가정에서 태어났고 펜실베이니아에서 일곱 자녀 중 셋째로 유년 시절을 보냈다. "저는 제 얼굴이 싫었어요. 지금도 싫어요. 제가 사진을 잘 찍고 훌륭한 모델이라는 걸 알지만 늘 자신을 보며 '맙소사, 너무 못생겼어'라고 생각했어요."

그녀는 일찍부터 모델 일에 대한 열정을 키웠고 결국 대학을 중퇴하고 모델 면접을 보러 맨해튼에 갔다.

"돈이 없을 때는 중고 가게에서 산 옷으로 스타일링을 했어요. 길거리에서 사람들이 저를 비웃는 걸 보면 마음이 조금 아팠어요. 그게 저였으니까요."

엘린 포드Eileen Ford 등 에이전시 계약에 여러 차례 실패해 힘든 시간을 겪었다. 그러나 모험을 해보기로 한 더레전드the Legends Agency는 1991년 그녀와 계약하고 파리와 도쿄에 진출시켰다. 사진작가 피터 린드버그Peter Lindbergh는 그녀의 매력을 가장 먼저 알아챈 사람 중 한 명이었고, 카를 라거펠트는 1992년 그녀를 쿠튀르 캠페인에 캐스팅했다.

"모델 일을 할 때였어요. 카를이 제게 바닥까지 내려오는 스커트를 주면, 저는 거의 속옷 수준으로 잘라 입고서 쇼룸으로 돌아가고는 했죠. 카를은 분명 겁을 먹었을 거예요."

맥메너미는 긴 연붉은색 머리카락을 짧게 자르고 금발로 염색했다. 거기에 프랑수아 나스Francois Nars가 눈썹을 밀어버리면서 맥메너미는 그런지룩을 대표하는 아이콘이 됐다. 리처드 애버던Richard Avedon, 유르겐 텔러Juergen Teller, 스티븐 마이젤Steven Meisel 같은 사진작가들의 애정을 받았다.

최근 대중 앞에 돌아왔을 땐 너무 과감한 스타일링은 다소 지지하는 모습이다.

"더 이상 모험을 하지 않아요. 저한테 남은 시간이 얼마나 되겠어요? 하지만 훌륭한 사진가, 스타일리스트, 영화제작자가 있다면 여전히 정말 설레요." 지난 몇 년간 그녀는 「보그 이탈리아」, 「i-D」, 「W」의 표지 모델은 물론 발렌티노, 마크 제이콥스, 발렌시아가 캠페인에도 등장했다. 또한 스티븐 마이젤과 영국 「보그」 2022년 1월호의 커버 스토리를 촬영했다. "마이젤이랑 작업할 때는 백만 불짜리 사람이 된 기분이 들어요."

맥메너미는 80년대 후반과 90년대 초반에 샤넬과 베르사체의 얼굴로 처음 이름을 알렸다. 요즘은 모델 일 외에도 많은 것을 인스타그램에 게시하고 있다. 팔로워 중에는 나오미 캠벨Naomi Campbell, 알렉산드로 미켈레, 마크 제이콥스도 있다. 인스타그램 사진 중에는 발렌시아가의 애시드 그린색 자전거용 상의 위에 몰리 고다드Molly Goddard 주름 원피스를 입거나, 팔라스Palace 노란색 후드와 추리닝 바지를 세트로 입은 사진, 그리고 누드 사진도 있다.

"제 딸이 초포바 로웨나Chopova Lowena 같은 멋진 신인 디자이너들이랑 같이 일해서 덕분에 저도 브랜드를 몇 개 알게됐어요. 딸이 한번은 초포바 로웨나 드레스를 입고 있는 걸 보고 '어디꺼야? 미쳤네. 너무 예쁘다!' 라고 했지요. 그때부터 그 브랜드 팬이 되었어요. 마린 세르Marine Serre도 좋아요. 콘셉트는 간단해도 몸에 착 붙어요. 구찌도 좋고 발렌시아가는 특히 뎀나Demna Gvasalia 의 디자인이 정말 대단해요."

정말이지 맥메너미는 팬들의 환호에 감사할 줄 아는 공인이다. "지난주에 친구 책 출간 행사에 나갔더니 세 사람이 와서 '우리 모두 맥메너미님 인스타그램을 정말 좋아하고 가장 좋아하는 모델이에요. 같이 사진 찍어 주시겠어요?'라고 묻더군요. '세상에!' 가슴이 터질 것 같았어요. 누군가가 '귀찮지 않니?'라고 물었고 저는 말했죠. '귀찮아?' 정신 나갔어? 당연히 안 귀찮지!' 훌륭하다는 말을 듣는 것은 정말 멋진 일이잖아요. 싫어할 사람이 있을까요?"

# 알레산드로 미켈레

Alessandro Michele

**"사람들은 '패션'이라고 하면 좋은 옷만 떠올리지만 실은 그렇지 않습니다.
하지만 패션이란 역사와 사회 변화, 그리고 더 강력한 것들을 반영하는 더 포괄적인 개념입니다.
새로운 것을 만들고 싶다면 더 다양한 표현 방식이 필요합니다.
특히 지금 같은 때는 더더욱 말이죠."**

이탈리아의 유명 디자이너인 그는 2002년 구찌에 합류해 매우 존경받았으며, 뛰어난 재능을 지녔다는 평가를 받아왔다. 그리고 2015년, 구찌 크리에이티브 디렉터의 자리에 오르게 된다.

"구찌 같은 브랜드의 디렉터에게 얼마나 막중한 책임이 따를지 상상도 못할 겁니다. 너무 많은 사람들이 연관되어 있고 브랜드에 거는 기대치도 크니까요. "

디렉터로 임명되기 전, 미켈레의 남성 콜렉션이 '도발적인 양성성'을 잘 표현했다는 찬사를 받은 적이 있다. 이를 계기로 2011년 당시 크리에이티브 디렉터였던 프리다 지아니니 Frida Giannini의 어소시에이트로 승진했다. 그리고 2014년에는 구찌가 인수한 도자기 브랜드 리차드 지노리의 크리에이티브 디렉터로 발탁되었다. 구찌에 합류하기 전에는 펜디의 수석 액세서리 디자이너로 일했다.

리차드 지노리에서 크리에이티브 디렉터로서 3년을 보낸 후, 구찌 CEO 마르코 비자리 Marco Bizzarri에 제안하여 모피 금지 정책을 시행했다. "저는 장인 정신을 사랑합니다. 손으로 만들어 낼 수 있는 아름다운 것들을 사랑해요. 이 장인 정신과 아름다움은 모피 아닌 다른 재료에도 충분히 담아낼 수 있어요. 사라지는 것은 아무것도 없습니다."

미켈레는 원래 연극 의상 디자인을 공부했었다. 그러다 보니 그가 참여하는 런웨이 쇼에는 여전히 연극적인 요소가 포함되어 있다. 또한 중성적인 스타일과 빈티지한 요소들을 결합하는 것으로도 유명하다.

"패션은 80년대 팝 음악과 같습니다. 살아있어요. 부유한 사람들을 위해 부티크에만 존재하는 것이 아닙니다."

미켈레의 고객층은 아주 넓고 다양하다. 제러드 레토 Jared Leto, 피비 브리저스 Phoebe Bridgers, 조디 터너 스미스 Jodie Turner-Smith, 맥컬리 컬킨 Macaulay Culkin이 그의 런웨이 쇼모델로 섰다. 마일즈 텔러 Miles Teller, 톰 히들스톤 Tom Hiddleston, 비욘세 Beyonce, 마고 로비 Margot Robie 외 많은 유명인이 미켈레의 의상을 입고 당당히 레드 카펫을 밟았다. 그리고 미켈레는 동료 패션 아이콘인 엘튼 존과 긴밀한 친분이 있다.

"남성 정장을 진정 사랑합니다. 제가 세상에서 가장 좋아한다고 할 수 있죠. 그 어깨라인과 단수가 정말 매력적이에요. 정장 자켓은 놀라운 아이템입니다. 성별과 정체성을 초월하죠." 미켈레는 멧 갈라에서 자레드 레토 Jared Leto와 선보인 쌍둥이 룩으로 화려한 개인 스타일을 선보였다. 두 사람은 똑같이 트위드 자수 턱시도를 입고 거기에 어울리는 선글라스, 장갑, 녹슨 빨간색 클러치를 매치했다. 그리고 장발 헤어에 똑같이 가르마 옆에 핀을 꽂았다.

그는 구찌를 통솔하며 계속해서 배우고 계속해서 진화했다. 그리고 2019년에는 이렇게 말했다. "디렉터로 4년차가 넘으니 창의성과 과정에 더 집중할 필요가 있다는 걸 알게 됐어요. 제가 전하는 이야기, 매장 고객들의 경험, 컬렉션, 쇼 음악, 분위기 모든 부문에서 말입니다."

그 점에서 〈2023 S/S 구찌 트윈스버그 쇼〉는 패션 역사에 길이 남을 것이다. 런웨이에서 손을 잡고 있는 일란성 쌍둥이들은 오래도록 기억될 만한 센세이션을 일으켰다.

그 역사적인 쇼가 끝난 직후, 미켈레는 구찌와의 작별을 공식 발표하며, 오랜 보금자리였던 구찌의 앞날에 행운을 빌었다. "구찌가 없었다면 제가 이룬 그 어떤 것도 가능하지 않았을 겁니다. 구찌에 진심으로 바랍니다. 꿈을 계속 키워나가세요. 눈에 보이지 않는 무형의 존재인 꿈이야말로 삶을 가치 있게 만드는 존재입니다."

# 페기 모핏

Peggy Moffitt

"커리어 대부분을 루디 게른라이히Rudi Gernreich에게 맡겼습니다.
그의 재능을 전적으로 믿었으며 소중한 친구로 지낼 수 있다는 건 특권이었어요.
몇 년 동안 우리는 한 팀으로 발전했습니다.
그가 천재라는 가장 확실한 근거 가운데 하나는 제가 재능을 충분히 표현하도록 허락했다는 것입니다.
우리는 말로 다 표현할 수 없을 정도로 즐거운 시간을 보냈고
힘을 합쳐 창의성을 발휘한다는 것은 낭만적인 일이었습니다."

할리우드에서 나고 자란 페기 모핏은 어린 나이에 뉴욕으로 건너가 무용과 연극을 공부했다. "저는 늘 무용수가 되고 싶었어요. 누군가가 이미 만들어 놓은 형태에 맞추어야 한다는 구식 아이디어보다 움직임에 더 많은 관심이 있었거든요. 마사 그레이엄Martha Graham에게 발레를 배웠어요. 그러나 그는 발레는 가르쳐 주지도 않고, 수업 시간 내내 시범만 보여줬어요. 가르치는 건 잘 못하는구나, 하고 생각했습니다." 연기 선생님이었던 시드니 폴락Sydney Pollack과의 경험은 정반대였다. "시드니 폴락은 지독하게, 너무 지독하게 가르치는 데 재능이 있었습니다. 우수한 천재였습니다."

모핏은 LA로 돌아와 영화 《유어 네버 투 영You're Never Too Young》,《미트 미 인 라스베가스Meet Me in Las Vegas》 등에 출현했다. 하지만 모델 일을 해보라는 조언을 듣고 파리에서 일자리를 구했고, 미국인 디자이너 구스타브 타셀Gustave Tassell과 계약을 맺었다. 뒤이어 페기 모핏은 타셀의 친구인 루디 게른라이히를 만나게 된다. 그리고 이 만남은 그녀의 이후 커리어에 영향을 미치는 중요한 사건으로 작용한다. 모핏은 자타공인 게른라이히의 뮤즈가 되었다. 그의 대담하고 그래픽한 디자인을 입고 그녀의 아이코닉한 비달사순 스타일 제트 블랙의 비대칭 단발머리와 가부키 같은 눈 화장을 뽐냈다.

모핏은 게른라이히의 탑리스 모노키니를 걸치고 여성복 일간지 화보 모델로 나섰다. 이때, 촬영은 그녀의 남편인 윌리엄 클랙스턴William Claxton이 도맡았는데, 이 화보의 반응은 그야말로 어마어마했다.

모노키니는 여성의 자유와 해방의 상징이었기 때문에 그 흑백 사진으로 모핏은 제대로 스타 반열에 올렸다.

"저는 다른 모델과 달랐다고 생각합니다. 어떻게 해야 다르게 움직일 수 있는지 잘 알고 있었어요. 예컨대, 입는 옷에 따라 걸음걸이를 바꾸고는 했습니다. 만약 어린 소녀가 입을 법한 드레스를 입은 날에는 안짱다리로 걸었고, 그 행동을 일부러 더 우스꽝스럽게 표현했어요. 남성 갱스터 의상을 입는 날에는 아주 여성스럽게 걷기도 했죠. 옷을 가지고 노는 걸 좋아했어요."

모핏은 쇼룸보다는 사진 촬영을 선호했다. "다양한 포즈를 취하고 싶지만, 걸을 때는 불가능해요. 멈춰 있을 때만 가능한 일이죠. 포즈를 취하는 건 마치 사진 촬영 중 춤을 추는 기분이에요."

모핏과 게른라이히의 협업은 수년간 지속되었으며, 그가 사망한 후 모핏은 게른라이히의 이름에 대한 상표권을 소유하게 되었고 그의 전기도 집필했다. 하지만 그녀는 메리 퀀트Mary Quant 등 유럽 디자이너들과도 작업하면서 영국판 보그의 모델이 되기도 했다.

2016년 모핏은 고향인 할리우드 힐에서 스포츠 의류 라인을 출시했다.

그러나 그는 2016년, "내 생각에 패션은 죽었다."라고 발언한다. "패션은 오래전에 끝났습니다. 정확히 언제 죽었는지 말할 수는 없지만요. 아마 모든 사람이 바지를 입기 시작했을 때부터인 것 같아요."

**RuPaul**

"제가 드래그를 하는 건 당연합니다. 정체성과 겉모습을 조롱하는 행위이기 때문이죠.
드래그는 '내가 생각했던 나의 모습이 진짜가 아닐 수도 있다'는 깨달음이 확장된 개념입니다.
그러니 겉모습을 가지고 재미있게 노세요. 바꾸세요.
드래그는 사람들의 엄청난 반대에 부딪히고 있어요.
왜냐하면 드래그는 우리의 자아를 깨지게 만들고,
우리는 본능적으로 그 위협을 잘 알고 있기 때문입니다."

역대 최고의 드랙퀸으로 꼽히는 루폴 안드레 찰스는 수십 년간 195센티미터의 키를 뽐내며 여러 세대에게 진정한 자신을 받아들이라는 영감을 주고 있다.

샌디에이고에서 태어난 루폴은 10대 때 애틀랜타로 이주해 예술 고등학교에 다녔고 1982년 '루폴&유—하울스'를 결성했다. 그는 도시 곳곳에서 춤추고 노래하면서 포스터를 뿌리고 클럽을 다니며 직접 홍보했다.

"저는 기회주의자이고 과시가 심해서 쇼 비즈니스가 제 길이 될 것이라는 걸 알았습니다. 그게 어떤 방식으로 실현될지는 몰랐지만 늘 마음을 열어두었습니다. 그런 다음, 애틀랜타에서 밴드 활동을 할 때 드래그를 우연히 접했습니다. 지금 제가 하는 드래그와는 매우 달랐는데, 전투화를 신고 얼룩진 립스틱을 바른 펑크 록이었습니다. 그 때 사람들의 반응을 보고 제 드래그에는 힘이 있다는 걸 알았습니다."

루폴은 앨범을 열두 장 이상 발매했고, 책을 여러 권 썼고, 스파이크 리의 《브룩클린의 아이들 Crooklyn》 등 다양한 영화에 출연하고 M.A. C. 코스메틱의 홍보대사로 발탁됐다. 2005년 제이슨 우 Jason Wu는 루폴 인형을 만들기도 했다.

이제 루폴은 매우 인기 있는 경연 리얼리티 프로그램 시리즈이자 에미상 수상작인 〈루폴의 드래그 레이스 RuPaul's Drag Race〉의 창시자이며 주역이다.

"드래그 레이스에 나오는 아이디어는 제 사업 경험에서 비롯되었습니다. 모든 도전 과제는 라디오, 셀프 프로듀싱, 셀프 마케팅, 비주류에서 주류로 진입하는 방법 분석하기 등이었습니다. 9/11 이후 예술 문화 활동이 위축되면서 드래그는 다시 음지로 숨어버렸기에, 우리는 드래그를 하나의 예술 형태로 널리 알리고 싶었습니다."

개인 스타일은 디자이너 잘디 Zaldy에게 맡긴다. 두 사람은 80년대 후반에 만나 1992년 루폴의 싱글인 《슈퍼모델 Supermodel》 뮤직비디오에서 함께 작업했다.

"저는 잘디 없이는 어디도 가지 않았어요. 《슈퍼모델》 이후로 우리의 의사소통은 줄임말에서 텔레파시로 바뀌었습니다. 중요한 건, 잘디는 다 알아듣는다는 거죠."

놀랍게도 루폴은 한 번도 드래그 스타일로 입는 데 익숙한 적이 없다고 한다. "심지어 처음에도 저를 놀래킨건 다른 사람들의 열렬한 반응이었습니다. 전에는 그런 반응을 받아본 적 없었거든요. 그래서 저는 생각했죠. '그것 참 재밌네. 일단 기억만 해두고 나중에 필요할 때 써먹어야겠어.' 그렇게 지금의 제가 된 겁니다.

# 리아나

Rihanna

**"임신 사실을 알았을 때 속으로 생각했어요.
'절대 임부복은 사지 않을 거야.'
죄송해요. 꾸미는 건 너무 재밌거든요.
제 몸이 변하고 있다는 이유로 꾸미기를 그만두지 않을 거예요."**

본명 로빈 펜티Robyn Fenty, 바베이도스 출신 팝스타 리아나는 일곱 살 무렵부터 큰 꿈을 꾸었다. 밥 말리의 노래를 듣고 가수가 되겠다고 다짐한 것이다.

열여섯 살에 데프 잼 레코딩스Def Jam과 계약 후 곧바로 음악, 영화, 패션, 뷰티 산업을 휩쓸었고, 서른넷의 나이로 미국의 최연소 자수성 가 억만장자가 되었다.

그는 그래미상 수상 곡인 《엄브렐라Umbrella》와 《더 몬스터 The Monster》 같은 히트곡들로 음악계의 슈퍼스타가 되었고, 그 이후에는 사업 가로 변신해 제2의 성공기를 맞았다.

2017년, 리아나는 루이비통모에헤네시와 손을 잡고 의류 브랜드 인 '펜티'를 론칭했다. 같은 해에 '세상 모든 곳의 여성들이 소속감을 느끼도록' 화장품 브랜드 펜티 뷰티를 출시했다. 또한 푸마, 마놀로 블라닉, 리버 아일랜드 등과 협업하기도 했다.

그리고 임신 중에는 대중 앞에 나설 때마다 임부 패션의 사회적 한계를 재정의할 기회로 삼았다. 2022년 구찌 가을 런웨이 쇼에 참석 해 클레오파트라를 연상시키는 금속 투구를 쓰고 검은색 라텍스와 레 이스 재질의 크롭탑에 보라색 인조 모피 재킷을 걸치고 구찌 로우라 이즈 가죽 바지를 매치해 임신을 자축했다.

"임신한 여성들이 해도 '괜찮은' 것들을 새롭게 정의하고 싶어요. 제 몸은 지금 놀라운 일들을 하고 있으니 부끄러워하지 않을 거예요."

리아나가 대중과 함께한 시간만큼, 그녀의 레드 카펫 패션도 오랜 역사를 자랑한다. 특히 지금껏 멧 갈라(그리고 애프터 파티)에서 선보 인 구찌, 마크 제이콥스, 톰 포드, 존 갈리아노, 맥시밀리안 데이비스 등의 의상은 만장일치로모든 이의 감탄을 자아냈다.

큰 부와 명성에는 큰 책임이 따른다. 직접 설립한 더 빌리브the Believe와 클라라 라이오넬Clara Lionel 재단을 비롯한 다양한 자선 단체에 적 극 참여하며 그 책임을 존경스러울 만큼 열심히 감당해 왔다.

결국 리아나가 미국 패션 디자이너 협회에서 주관한 2014 패션 아이콘 상의 주인공이 된 건 어찌 보면 당연한 일이다. 패션 아이콘의 의미를 독창적인 방법으로 끊임없이 재해석하고 새롭게 표현하니 말 이다.

# 시몬 로샤

Simone Rocha

"제 모든 정신은 여성성과 여성성이 어떻게 여성의 삶에 통합되는지,
그로 인해 여성들은 어떤 느낌을 받는지에 향해있습니다.
매번 쇼를 열 때마다 어떤 이야기를 할지 고민하는데요.
부디 여성들이 공감할 수 있는 이야기를 하고 싶네요."

로샤의 패션은 과거 역사로부터 영감을 받아 여성성을 섬세하게 해석한다는 점에서 사랑받고 있다. 직접 디자인한 옷을 입고 찍은 포트레이트에서는 클래식하고 시대를 초월하는 동시에 신선하고 독창적인 스타일이 느껴진다.

중국인 디자이너인 존 로샤John Rocha의 딸인 시몬 로샤는 자라면서 아버지와 같은 길을 가는 것이 피할 수 없는 운명처럼 느껴졌다. "패션은 제 삶에서 떼려야 뗄 수 없는 존재였습니다. 그러나 그때는 이상하게도 패션이 '패션'처럼 느껴지지 않았어요. 런던으로 와서 디자이너가 된 지금은 생각이 완전히 달라졌지만요."

더블린의 국립예술디자인대학과 런던의 센트럴세인트마틴컬리지에서 패션을 공부했으며, 2010년 9월 런던 패션위크에서 졸업 작품 컬렉션으로 데뷔했다.

현재 런던, 뉴욕, 홍콩에 매장을 가지고 있으며 곧 타이페이에도 매장을 오픈할 예정이다. 매장에서는 시그니처 가구, 수제 조각품, 그리고 고급 의류와 액세서리도 만나 볼 수 있다.

마야 루돌프Maya Rudolph, 나타샤 리옹Natasha Lyonne, 키이라 나이틀리Keira Knightley, 클로이 그레이스 모레츠Chloe Grace Moretz는 모두 로샤의 제품을 착용했으며, 리아나는 로샤의 단골 고객으로 슬리퍼, 치마, 자켓, 신발을 즐겨 찾는다. 신디 셔먼Cindy Sherman, 호프 애시튼Hope Atherton 같은 아티스트는 로샤의 의류라인에 관심을 표한다.

로샤는 2016년 영국 여성복 디자이너 상과 「하퍼스 바자」 올해의 디자이너 상을 수상하는 등 단기간에 폭발적인 성과를 거두었다. 10년 넘게 컬렉션을 선보이는 중이며, 매번 신선한 아이디어로 패션쇼를 듬뿍 채우고 있다.

"패션쇼를 준비할 때 컬렉션 제작에만 6개월을 잡아요. 그 과정에서 떠오르는 영감과 저의 이야기가 자연스럽게 의상에 반영되어, 제작 방식, 실루엣, 착용 방법, 그리고 옷이 드러내는 것과 감추는 것까지 영향을 주죠." 로샤가 표현하는 미적 감각은 주로 여성스러움, 수공예, 로맨스, 유니크한 색 조합이 특징이다. "빨간색은 사랑을 상징하지만, 피와 고통도 상징합니다. 빨간색과 다른 색을 혼합했을 때 어떠한 긴장과 마찰이 만들어지는지 보는 과정이 좋아요."

아일랜드의 문화유산에 영감을 받기도 하고, 아이를 낳은 뒤에는 배내옷과 수유용 브래지어를 2022년 봄 컬렉션에 포함했다.

"딸들을 위해서 강해지고 싶어요. 그리고 제가 무엇을 할 수 있는 사람인지 보여주고 싶어졌습니다. 제 일이 무척 자랑스럽고 일을 더 진지하게 받아들이게 되었어요. 딸 아이 한 명는 여섯 살인데. 놀랍도록 순수해요. 그 천진난만함 또한 저에게 영감이 되어주고는 합니다."

# 에이셉 라키

A$AP Rocky

**"모든 분야에서 실험을 해왔습니다.
스타일, 리듬, 음향효과, 영화, 음식, 건강, 사랑, 삶, 그야말로 진짜로요."**

파리의 유명 디자이너, 마린 세르와 함께 일할 기회를 잡기 위해 감옥 안에서까지 컬렉션 디자인에 몰두하는 사람이 얼마나 될까? 에이셉 라키의 어린 시절이 어려웠다는 건 잘 알려진 사실이다. 그러나 그는 패션을 통해 에너지를 발산하며 할렘에서의 시절을 지나왔다.

"태어날 때부터 패션에 빠져 있었습니다. 저는 어린 시절 후드를 입고 자랐고, 후드를 입고 자란 모든 이들은 가난했던 시절을 보상받고 싶어 합니다. 그래서 자존감을 유지하고자 겉으로나마 멀끔해 보이기를 원하죠. 제 안에도 그런 마음이 내재해 있고요."

라킴 마이어스Rakim Myers라는 본명을 가진 그는 펜실베니아, 브롱스, 할렘을 오가며 자랐다. 때로는 어머니와 함께 보호소에 살며 생계를 위해 마약을 팔았고, A$AP이라는 대규모 크루의 일원으로 랩을 하며 돈을 벌기도 했다. 그러던 중 스물세 살에 폴로 그라운드 뮤직과 3백만 달러의 음반 계약을 체결하며 첫 번째 앨범《Long. Live. ASAP》를 발매했고, 네뷔하자마자 2013년 빌보드 200 앨범 차트 1위를 차지했다.

에이셉 라키는 음악을 만들지 않을 때 패션 산업에 크게 몰두한다. 그리고 지금 감옥에서 생각해 낸 바로 그 옷들을 입고 있다.

"작은 침대 위에 누워 생각했어요. '이걸 어떻게 실현할까? 어떻게 실행할 수 있을까? 실행할 수 있으면 좋을 텐데.' 세상에, 신은 진짜 있더라고요."

에이셉 라키는 마린 세르와의 콜라보 외에도 J.W. 앤더슨, 게스, 니들스 등과 협업하고 아디다스와 반스 스니커즈를 직접 디자인하기도 했다.

"단지 자본을 축적하기 위해 쓰레기를 쏟아내는 브랜드가 되는 것과 반대로, 다른 브랜드와 콜라보하는 위치를 원했습니다. 돈을 버는 것은 저에게 중요합니다! 하지만 저는 올바른 방법으로 하고 싶습니다. 쿨하게요."

라키는 일찍이부터 릭오웬스, 라프 시몬스, 프라다, 앤 드뮐레미스터같은 브랜드에 영향을 받았다. "결코 살 수 없었던 것들을 이제는 입고 다닙니다. 이제 재정적으로 여유가 있으니까요. 제 스타일은 확실히 성숙해졌습니다. 제가 예전에 입던 것들 가운데 더 이상 입지 않는 게 많고, 전에 입었던 것 중 지금 사랑에 빠진 게 많고, 오래전에 입었던 것들 중 다시 꺼내 입는 게 많아요."

구찌 앰버서더로 활동하고 아미나 무아디Amina Muaddi와 뾰족구두를 디자인하고 팩션의 객원 예술감독을 맡는 지금, 구찌 옷을 입는 건 꿈도 꿀 수 없을 만큼 형편이 어려웠던 시기 이후 큰 발전을 이룬 것이다.

"가난해서 이런 생각을 했던 기억이 나요. '퍼렐이나 카니예Kanye가 입고 있는 옷을 살 수 있으면 좋을 텐데.' 저는 여유가 없어서 여자친구에게 사달라고 하거나 마약을 팔았죠. 제 관심은 옷뿐이었습니다. 여전히 빈털터리였을 때 스타일이 더 좋았던 것 같아요."

최근에는 빈티지에 빠졌다.

"향수鄕愁에는 빌려 쓸 수 있는 모티프가 많습니다. 그걸 발견하기 위해서 이미 지나간 유행이나 낡은 구제 옷을 자주 뒤지기 시작했죠. 그러다 보니 오래된 옷에 매력을 느끼게 되었어요. 구제 옷의 경우, 제가 이 옷을 발견하면 다른 사람들은 가질 수 없으니까요. 그 점이 바로 스릴 넘치는 거죠."

그러나 그는 '균형감' 역시 잊지 않는다. "빈티지 옷을 머리부터 발끝까지 쇼핑하는 사람은 마치 요즘 브랜드 옷을 머리부터 발끝까지 쇼핑하는 것과 같아요. 과한 건 옳지 않습니다. 빈티지 살짝, 아카이브 패션 살짝, 신상 살짝, 길거리 스타일까지 살짝 넣어주면 문제 없죠."

에이셉 라키는 발렌시아가 구멍조끼나 구찌 헤드스카프를 착용하는 등 트렌드를 주도한다고 알려져 있으며, 취향은 성별을 가리지 않는다.

"패션은 여성복이 먼저입니다. 그다음 남성 패션이라는 개념이 정립되었죠. 패션의 출발이 여성복이니까, 그런 요소를 많이 가져다 쓸 필요가 있습니다. 특히 스타일이나 혁신, 디자인 역시 보통은 여성 패션계가 앞장서 새로운 시도를 하는 편이기도 하고요."

「GQ」특집 기사 화보에서는 발렌티노, 구찌, 비비안 웨스트우드 킬트, 리바이스 빈티지 청바지, 까르띠에 빈티지 십자가 목걸이, 샤넬 진주 목걸이를 착용했다.

"저는 세계 곳곳을 여행하면서 코펜하겐, 프랑스, 런던 등을 방문했어요. 그리고 그곳에서 뉴욕의 영향을 받은 패션스타일을 발견했죠. 물론, 그 반대의 경우도 많고요. 패션이 전파되는 방식이 마음에 들어요. 음악과 같죠. 여러분의 출신지는 중요하지 않고, 그 무엇이든 받아들이고 표현할 수 있어요. 예전에 어땠는지는 중요하지 않아요."

자신의 옷을 바느질하고, 패치를 붙이고, 홀치기 염색을 하는 것 외에도, 에이셉 라키는 독특하고 특별한 능력을 가지고 있다. 10년 전 밤 밖에서 놀 때 다른 사람이 무엇을 입었는지 기억할 수 있다. 스타일이 마음에 들었을 때로 한정되기는 한다. "저랑 같은 능력을 가진 사람을 많이 못 봤습니다. 좀 이상합니다."

결국 에이셉 라키는 유일성과 독특한 장인정신을 중요시한다.

"패션 트렌드는 돌고 돌지만, 옷은 영원히 여러분 곁에 있어요."

# 따이애나 로스

Diana Ross

**"'패션'은 아주 오래전부터 제 영혼의 일부였습니다.
제가 예쁜 드레스를 살 여유가 없었을 때 잡지와 가게 창문 밖에서 본 아이템을 혼자 조합해 보곤 했어요.
꿈을 좇으세요, 열정을 좇으세요, 여러분을 행복하게 하는 일을 하세요.
자신을 믿으세요."**

"디바가 되려면 오랜 시간이 걸립니다. 그러니까 제 말은, 노력해야 한다는 의미입니다." 그리고 그녀는 노력했다. 일흔여덟 살의 다이애나 로스는 '모타운의 여왕'으로 눈부신 60년을 보냈다.

1950년대 디트로이트에 살던 로스는 고등학교 재학 시절 미용 학원에 다녔었다. 그러면서 자신뿐 아니라 다른 이들의 헤어와 메이크업을 도맡아 직접 할 수 있을 정도의 실력에 이르렀다. 1959년 슈프림스 The Supremes의 리드 싱어가 되었고, 컬이 들어간 보브 헤어에 스모키 눈화장부터 볼륨감 있는 부팡 헤어와 자연스러운 컬까지 결점이라고는 찾아볼 수 없는 스타일을 다양하게 선보이기 시작했다.

"디트로이트 허드슨백화점의 지하 식당에서 테이블을 정리하는 일을 했습니다. 백화점 마네킹에 걸쳐진 옷들을 흉내 내 보려고 했죠. 처음에는 슈프림스의 옷도 모두 만들었습니다. 우리의 첫 매니저는 사실 포주였는데, 데리고 있던 아가씨들 모두 옷을 잘 입어서 우리 슈프림스는 그들의 옷 일부를 따라 입었어요."

로스는 1970년 첫 번째 솔로 앨범을 발표했고 싱글곡 중 《에잇 노 마운틴 하이 이너프 Ain't No Mountain High Enough》가 가장 큰 사랑을 받았다. 그리고 1975년 캠프 클래식 영화 〈마호가니〉 속 일렉트릭 블루색의 아프로 헤어와 화려한 의상은 디스코 시대의 시작을 알렸다. 패션 디자인과 의상 일러스트레이션을 전공했기 때문에 마호가니 의상

일부는 직접 디자인하기도 했다.

1972년 《레이디 싱스 더 블루스 Lady Sings the Blues》의 빌리 홀리데이 역할로 아카데미상 후보에 올랐으며, 1978년 《마법사 The Wiz》에서 도로시 역을 맡았다.

밥 맥키, 톰 포드, 비비안 웨스트우드 같은 디자이너와 일할 때는 푸크시아 컬러의 깃털, 반짝이 드레스, 스팽글 점프슈트를 입고 화려한 자태를 뽐냈다. 깃털 의상으로 탄성을 자아냈고 구슬 장식 가운으로 우아함을 더했으며 실크 의상으로 당당함을 드러냈다. 모드, 보헤미안, 프레피, 단색 등 그녀가 소화하지 못하는 장르는 없었다.

로스는 M.A.C. 코스메틱과 함께 메이크업 라인을 출시했고, 2017년 시그니처 향수 라인인 다이아몬드 다이애나를 선보였다. "충분히 가벼우면서도 충분히 강렬해요. 향이 신비로웠으면 했어요. 향이 노래하길 바랐고요."

2022년 여왕의 플래티넘 주빌리를 맞아 흑백의 튤 앙상블을 입고 버킹엄 궁전에서 공연을 펼쳤다.

음반 판매량이 1억 장을 넘었고 히트 싱글 수는 비틀스에 이어 두 번째로 많다. 그래미 평생 공로상과 대통령 자유 훈장을 비롯해 그녀가 받은 상은 셀 수도 없다. 노래를 부르든, 연기를 하든, 또 어떤 상을 받든 로스의 삶은 애쓰지 않아도 자연스레 빛난다.

# 줄리아 사르 자무아

Julia Sarr-Jamois

**"어머니가 입던 오래된 리바이스 청바지는 여전히 제게 남다른 의미가 있어요.
거의 매일 신는 구찌 퍼 라인 뮬을 정말 좋아하고 알록달록한 퍼 코트도 물론 좋아요.
화려하면 화려할수록 더 좋아요!"**

사르 자무아는 영국 「보그」, 「원더랜드Wonderland」, 「팝Pop」의 패션 에디터를 거쳐 (첫 인턴을 했던) 「i-D」 매거진 수석 패션 에디터로 일했다. 또한 「보그」, 「틴 보그」, 「보그 재팬」, 「미스 보그 오스트레일리아」에도 기고했으며, 사진작가 알라스데어 맥렐란Alasdair McLellan, 부 조지Boo George, 타이론 르봉Tyrone Lebon, 폴 웨더렐Paul Wetherell, 제이미 호크스워스Jamie Hawkesworth, 벤 웰러Ben Weller, 맷 어윈Matt Irwin의 촬영 현장에서 스타일링을 맡았다. 그렇다. 줄리아 사르 자무아는 유능하다.

"패션 에디터로 처음 일을 시작한 그때부터 저는 제 무기가 무엇인지 항상 알고 있었던 것 같아요. 제가 만드는 캐릭터는 늘 있을 법해야 하고, 그래서 캐릭터를 떠올리면서 항상 저에게 '내가 이걸 입을까?'라고 확실히 묻고는 합니다. 그 과정은 정말 중요하죠. 비록 그 옷이 판타지 세계로 들어간다고 하더라도, 기본적으로, 여전히 현실적인 부분을 반영할 필요가 있습니다."

자무아는 영국 브릭스톤에서 유년 시절을 보냈다. 직물 디자이너, 도예가, 빈티지 패션 애호가였던 어머니 덕분에 예술 감각이 넘치는 환경에서 성장했다.

"패션 일을 하시던 어머니께서는 제가 십 대였을 때, 샤넬 공방에서 근무하던 친구 분을 통해 샤넬 쇼 초대장을 구해다 주셨어요. 그 행사에 참석하려고 런던에서 파리로 갔는데, 제가 무엇을 입을지 걱정하며 몇 시간을 보낸 것이 기억에 남아요! 감정이 끓어오르고, 즐거웠던 경험이었죠."

자무아의 시그니처 헤어스타일이 탄생한것도 이 무렵이었다.

"어렸을 때 머리를 땋기도 했지만 열네 살 이후로는 아프로 헤어를 유지하고 있어요. 처음엔 너무 풍성하게 부풀어 올라서 어색했지만 지금까지 한번도 바꾸지 않았어요."

사르 자무아는 열네 살에 모델 일을 시작했다. 비록 이제는 주로 눈에 띄지 않는 곳에서 일하지만 아직도 가끔 마크 세이콥스, 엠쁘리오 아르마니, 루이비통, 발렌시아가, 프라다, 혹은 어머니의 오래된 리바이스 청바지를 입고 「보그 파리」 지면에 등장한다.

"다양하게 입는 게 좋아요. 저는 패션을 정말 좋아하기 때문이죠. 가끔 저는 올블랙으로 심플하고 시크하게 입고 싶어요. 그리고 그다음 날에는 형광 점퍼와 패딩 재킷을 걸치고 밀리터리 룩을 연출하고 싶기도 하죠."

몇 년 동안 가치 있는 패션 아이템을 제법 모았다.

"옷을 모을 때는 큐레이터가 되고 싶지만, 확실히 저는 까치 같은 성격이에요. 너무 다양한 걸 좋아하거든요. 맞춤 제작한 옷도 좋아하고, 스팽글 드레스도 좋아해요. 제 스타일이 워낙 여러 가지가 섞여 있어서, 선택의 폭이 너무 넓다는 게 문제라면 문제겠네요!"

사르 자무아는 생각지도 못한 요소를 도시에 어울리게 매력적으로 바꾸면서 모스키노 칩 앤 시크, 탑샵, 자라, 소니아 바이 소니아리키엘, 사스 앤 바이드 등 다양한 캠페인의 스타일링을 맡았다. 특히 런던 거리에서 영감을 얻는다.

"저는 지나가는 사람들을 지켜보면서 많은 시간을 보내고, 아무도 다른 사람들의 옷을 판단하지 않는다는 사실이 너무 좋아요. 우리 모두에게 많은 자유를 주니까요. 덕분에 다른 스타일을 많이 시도할 수 있어요. 제가 다른 곳에서 자랐다면 패션과 다른 관계를 맺었을 것이라는 생각을 자주 해요. 또 저에게 강한 영감을 주는 곳은 아프리카입니다. 다카르로 여행을 갈 때마다 느끼죠. 그 선명하고 강렬한 색상과 프린팅, 반짝이는 소재가 좋아요. 그래서 아프리카 프린팅과 스트릿 패션을 섞어보는 중이에요."

그녀는 패션을 사랑한다. 그리고 모든 사람이 각자의 스타일을 자유롭게 표현하기를 바란다.

"가장 중요한 건 원하는 대로 입는 것입니다. 규칙을 따라야 한다고 생각하지 않아요."

# 헌터 샤퍼

Hunter Schafer

**"패션은 현실 도피처이기도 하지만 진정한 자신을 드러내는 수단이기도 해요. 외모에 그렇게 많은 시간과 에너지를 쏟고 고민하는 게 과하다고 느껴질 수 있겠죠. 하지만 특히 트랜스젠더들의 경우, 세상에 자기 진짜 모습을 보여주고 있다는 기분이 들기 전까지는 온전히 나답다고 느끼지 못할 때가 있어요."**

스물세 살의 헌터 샤퍼는 센트럴세인트마틴컬리지에서 디자인을 공부할 계획이었으나, 모델 활동이 활발해지면서 2018년 HBO의 새 드리미 《유포리아》 오디션을 제안을 받았다.

프라다 뮤즈, 런웨이 모델, 아티스트이자 스스로 패션 괴짜라고 부르는 젠지 아이콘인 헌터 샤퍼는 줄스 역할을 따냈다. 덕분에 그녀의 커리어가 예상치 못한 방향으로 흘러가긴 했지만 분명 성공적인 터닝포인트였다.

인스타그램에서 스카우트된 샤퍼는 릭오웬스, 미우미우, 디올. 마크 제이콥스 런웨이 무대에 섰고, 프라다 투피스 세트와 에반젤린 아다리오린의 쥬얼리를 착용한 채 2021년 멧 갈라에 참석하기도 했다.

"패션계에서 일하고 싶어서 모델 일을 시작했어요. 중학생 때부터 제 목표였어요. 다음 학년에 올라가기 전에 휴학해서 돈을 좀 벌고 싶었는데, 모델 일을 할 수 있을지도 모른다는 생각으로 제가 알던 사진작가들에게 인스타그램 연락을 돌렸고 결국 실현됐죠. 1년 동안 모델일을 하면서 많은 것을 배웠습니다. 패션계에 더 본격적으로 들어가고 훌륭한 사람들도 많이 만났고요."

샤퍼는 노르캐롤라이나 롤리에서 자랐다. 어릴 적 그녀는 지금 만큼 자기 모습이 편하게 느껴지지 않았다. "외출하려면 약간의 용기가 필요했어요. 이렇게 의식적으로 다짐했죠. '그래, 나는 여기 있는 사람들과 다르게 생겼어. 하지만 오늘 내가 원하는 방식으로 나를 표현할 거야. 아무도 신경 쓰지 않겠지만, 내가 만족하면 그걸로 충분해.'"

초창기에 가장 좋아했던 디자이너 중 한 명은 알렉산더 맥퀸이었다.

"알렉산더 맥퀸 컬렉션과 무대 퍼포먼스를 처음 봤을 때 다 너무 생소해서 그것들이 현실의 경계를 넘어가 있다는 느낌을 받았어요. 그때는 그게 제 유일한 관심사였어요. 패션과 미디어를 통해 계속 찾아봤었죠."

또 어떤 디자이너를 좋아할까? "루아르, 바퀘라, 노 세쏘 등 비교적 신인 브랜드를 좋아해요. 루 댈러스는 진짜 좋아해요. 더 손으로 만든 듯한 느낌을 주거나, 아름다움에 덜 관습적으로 접근하고, 다양한 신체의 모델을 캐스팅하는 브랜드가 흥미로워요. 그것이 우리 폐션업계가 추구하는 방향이기도 하고 런웨이에서 보게 되면 기분이 무척 좋아요.

샤넬, 크리스찬 루부탱, 발렌시아가, 디올, 셀린느, 스텔라 매카트니, 프라다, 루이비통을 입고 「하퍼스 바자」 화보를 촬영했지만 그런 오트쿠튀르는 일상복과는 거리가 멀다.

"커다란 티셔츠, 짧은 반바지에 닥터 마틴을 신고 클럽에 갔는데, 그날 밤 기분이 좋았어요."

그녀는 연기라는 새로운 활동을 시작했음에도 불구하고, 첫 번째 소명을 포기할 생각이 없다.

"저는 여전히 패션을 사랑하고 그 세계와 계속해서 교류하고 싶어요. 앞으로는 모든 패션 위크에 참가하거나, 가능한 모든 캐스팅에 응하는 일은 더 이상 안 할지도 모르겠지만요. 필요나 돈 때문에 패션과 교류하는 게 아니라, 패션을 사랑하기 때문에 그런 일을 할 때 즐거움을 느껴요. 패션을 사랑하는 마음으로 이 업계에 입문했었으니까요."

# 진 세버그

Jean Seberg

**"밍크 코트를 입고 다리 한쪽을 내민 채 아름답게 포즈를 취하는 여배우를 떠올려 보세요. 사실 그녀는 이 사진을 찍기 위해 오랜 시간 동안 뜨거운 조명 아래에서 헤어 디자이너나 메이크업 아티스트와 함께 열심히 준비했을 겁니다. 또 그녀는 화려해 보이려고 애쓰면서도 동시에 편안해 보이기 위해 노력했을 테죠. 겉보기에 매우 화려해 보이도록 말입니다. 물론, 그 모든 수고는 '배우'라는 직업의 숙명입니다. 그러나 단순히 가짜로 화려해 보이는 것 이상의 무언가가 느껴지지 않나요?"**

진 세버그가 마흔의 나이로 요절한 지도 벌써 40년이 훌쩍 넘었다. 그러나 여전히 프렌치 패션스타일, 적어도 파리에 사는 미국인들의 패션스타일에 많은 영감을 주고 있다. 비록 미국 아이오와주 마샬타운 출신이기는 하나, 프랑스와 프랑스 패션에 영원히 기억될 정도로 오랜 시간 동안 프랑스에서 커리어를 쌓아 나갔다.

세버그는 오토 프레민저Otto Preminger 감독이 연출한 《성 잔다르크 Saint Joan》의 주인공 역할을 따내면서 영화계에 입문했다. 고등학교 시절 연극 코치가 그녀를 탤런트 대회에 등록시킨 것이 오디션의 계기였는데, 이 영화의 주인공 자리를 놓고 모인 소녀는 무려 1만 8천여 명에 이르렀다고 한다.

훗날 이 영화가 널리 흥행한 사실을 두고 세버그는 "세계에서 가장 많은 관객 앞에서 연기 수업을 받은 셈이다."라고 말했다.

물론 시대물이라 패션을 선보일 기회는 적었지만 짧게 바짝 자른 머리와 스파르타 스타일 튜닉으로 깊은 인상을 남기며 처음에는 재능 있는 여배우라기보다는 미인으로 더 알려지게 되었다.

불행하게도 열일곱 살 때 선보인 잔 다르크 연기는 큰 비판을 받았으며 촬영 당시 화형 신에서 사고를 당하기도 한다. 그럼에도 불구하고 세버그는 계속 나아가 '프랑스 누벨바그'의 주역이 된다.

"《성 잔 다르크》 하면 두 가지 기억이 떠올라요. 첫 번째는 화형 신에서 화상을 입은 것. 두 번째는 비평가들에 의해 화형에 처해진 것입니다. 후자가 더 아팠습니다."

다음 작품인 《슬픔이여 안녕 Bonjour Tristesse》에서 세버그는 호프 브라이스 Hope Bryce의 의상을 입었는데, 허리에 묶는 옥스퍼드블루 색상의 남성 테일러드 셔츠, 우아한 블랙 칵테일 드레스, 버터컵옐로우 색상의 스퀘어 넥 수영복이었다.

그러나 세버그를 진정한 패션 아이콘으로 등극시킨 작품은 1960년 작 《네 멋대로 해라 Breathless》였다. 유럽 전역의 여성들이 작품 속 스타일을 따라했다. 시가렛 팬츠, 스타일리시한 플랫 슈즈, 스트라이프 마린 보트 넥 셔츠를 착용했다. 영화 개봉 후, 루즈한 핏의 마리니에르, 피터팬 칼라 니트 스웨터, 세버그의 시그니처인 금발 픽시 컷이 인기를 얻었다. 마침내, 전 세계의 잡지 표지와 광고판에 등장하면서 세버그의 영향력은 더 멀리 퍼졌다.

서른다섯의 세버그는 긴 드레스를 입고 성숙해 보이는 올림머리를 했다. "다들 계속 제 다리가 못생겼다고 하더라고요. 저는 여배우를 하기에는 애매한 연령대에 있습니다. 순진한 소녀를 연기하기에는 늙었고, 깊이 있는 인물을 연기하기에는 어렵습니다. 제정신으로 살려면 아마 다른 분야를 알아봐야겠지요."

화장은 최소한만 해도 당당했다. 은은한 색상의 복숭앗빛 블러셔에 아이라이너는 윗 속눈썹 라인에만 살짝 그린다. 입생로랑, 꾸레쥬, 지방시, 웅가로를 즐겨 입었다.

데뷔초 연기력 때문에 혹평 받았지만 결국 워렌 비티 Warren Beatty와 호흡을 맞춘 《릴리스 Lilith》로 골든 글로브 후보에 올랐다.

"프랑스에서 소규모 영화를 여러 편 찍고 나니 괜찮은 평가를 듣기 시작했습니다. 더 이상 왕따가 아니었어요."

고양이 눈 선글라스, 소매가 말려 올라간 중성적 흰색 티셔츠, 맞춤 정장 바지, 중절모 등 세버그가 패션계에 남긴 유산은 오래도록 견고하게 남아있다.

"올해가 마지막인 것처럼 살 거예요." 비극적인 죽음이 찾아오기 6년 전, 1973년 새해 전야에 했던 말이다. "친구들과 근사한 식사에 와인도 한잔하면서 웃고 떠들 때면 그렇게 행복하더라고요. 계산할 여유가 되는 사람이 저밖에 없어도 제가 좋아하는 일이니 뭐 어쩌겠어요."

# 클로이 세비니

Chloe Sevigny

## "갖고있는 옷이 너무 많고 다양해서 살짝 부끄럽네요."

1994년, 「더 뉴요커 The New Yorker」는 당시 열아홉 살이던 클로이 세비니에게 '세상에서 가장 쿨한 소녀'라는 이름을 붙여 주었다. 당사자가 이 별명을 좋아하든 싫어하든 그녀는 지금도 그 시절 별명에 걸맞게 살아가고 있다.

"사람들은 저를 주관이 뚜렷하고 개성이 강한 사람으로만 기억하는 것 같아요. 인정하기 싫지만 제 연기보다 스타일에 늘 관심이 집중됐어요. '세비니는 다양하고 독특한 배역을 많이 맡은 여배우야'라는 말 대신, '세비니는 패션걸이야, 뉴욕걸이야'라는 식의 말을 늘 듣고는 했죠."

세비니는 자신의 연기폭이 넓다는 걸 증명하기 위해 다양한 시도를 했다. 당시 예술가들이 모이던 워싱턴스퀘어공원에서 작가 겸 감독인 하모니 코린 Harmony Korine과 처음 만나 교류했고, 그의 작품인 《키즈 Kids》로 데뷔하게 된다. 뒤이어 레몬헤즈 The Lemonheads 와 소닉 유스 Sonic Youth의 뮤직비디오에도 여러 차례 출연하며 커리어를 쌓아 나갔다.

"그 뮤직비디오가 제 커리어 전체 분위기를 결정했다고 해야 할까요(웃음). 길거리를 활보하는 소녀 역할이었죠. 뮤직비디오 분위기는 이후 제 삶에 일어날 일과, 당시 실제로 일어나는 일과 어느 정도 일치했어요. 당시 패션계의 분위기와도 맞아떨어졌고요."

그 이후 《소년은 울지 않는다 Boys Don't Cry》, 《빅 러브 Big Love》, 《플레인빌에서 온 소녀 The Girl from Plainville》 등을 포함해 TV 프로그램과 영화를 총 80편 넘게 찍으면서 배우로서 커리어를 쌓았다. 또한, 여기에 그치지 않고 작가와 감독의 영역으로도 뻗어나갔다.

패션계에서 주목받기 시작한 건 열일곱 살 때 「세시 Sassy」 잡지사에서 인턴으로 일하면서부터였다. 당시 코로듀이 멜빵바지 패션으로 사내에서 유명해져 세시 스타일 화보에도 등장했다.

"저는 어릴 적 엄마와 함께 중고품 가게에 자주 다녔어요. 그건 우리가 함께 할 수 있는 일이었죠. 엄마는 저를 놀이터에 보내는 대신, 제가 자란 코네티컷주 다리엔에 있는 '옐로우 벌룬 Yellow Balloon'이라는 중고품 할인 매장에 데려가고는 했습니다. 그 습관이 깊이 박혀있어서 지금도 주로 중고품만 사요. 새 옷을 사본 게 언제인지 기억도 안 나네요."

세비니는 종종 친구이자 스타일리스트인 헤일리 울런스 Haley Wollens와 협업하기도 한다. 미우미우, 겐조의 브랜드 화보 촬영에 이어 오프닝 세레모니와도 여러 차례 콜라보 작업을 했다. 또한, 소닉 유스의 킴 고든 Kim Gordon이 90년대에 런칭한 패션 브랜드인 '엑스 걸'의 뮤즈가 되기도 했다.

"예전에는 요란하고 과한 스타일의 옷을 자주 입었는데, 시간이 흐를수록 단순해지더라고요. 아직도 괴짜 같은 커다란 신발 같은 것을 좋아하긴 하지만, 그전만큼 요란한 것 같지는 않아요."

하지만 세비니에게 패션은 애증의 존재이며 자신의 커리어에 준 영향 역시 좋으면서도 싫고 싫으면서도 좋다.

"패션은 제게 큰 부분을 차지하고 있고 제 삶을 무척 자유롭게 해 주었습니다. 특히 제 첫사랑인 '영화'에서요. 패션을 아는 사람들은 제가 진정성을 위해 스타일리스트와 일하지 않는다는 것을 알고 있어요. 친구들, 그리고 업계 사람들은 제가 평소에 실제로 입는 사복을 보고 그 안에서 편안함을 느낍니다. 그리고… 글쎄요. 제 생각에는 패션 잡지들이 어린 날의 저를 계속 붙들고 있고, 대중들도 그때의 저를 쉽게 놓지 않는 것 같아요.

# 해리 스타일스

Harry Styles

**"옷을 가지고 노는 것은 정말 재미있어요."**

열여섯, 어린 나이에 데뷔해 대중 앞에 선 해리 스타일스는 10년이 넘는 시간 동안 팬, 팔로워, 언론의 열렬한 관심 속에서 지내왔다.

그는 전 세계에 센세이션을 일으켰던 보이밴드 '원 디렉션 One Direction'의 멤버로 스타 반열에 올랐다. 그룹이 휴면기에 들어간 후에는 솔로 아티스트와 배우로 활동 반경을 넓혔고, 《덩케르크 Dunkirk》와 《돈 워리 달링 Don't Worry Darling》 등 영화에 출연해 성공을 이어갔다. 최근 메디슨스퀘어가든에서 15일 연속 공연을 마치고 빌리 조엘 Billy Joel과 피시 Phish에 이어 현수막 선물을 받기도 했다. 스타일스의 패션 취향을 인정한다는 의미에서 콘서트 마지막 날 밤, 모든 좌석에 보아 깃털이 놓여 있었다.

스타일스의 패션 취향을 두고 대중의 의견은 분분하나, 그는 반대론자들에게 휘둘리지 않고 자신에게 어울리는 스타일을 받아들인다. 여기에는 생로랑, 지방시, 보데, 진주 등이 포함된다. 더 나아가 구찌의 밝은 분홍색 모피 코트나 딸기 티셔츠, 가죽 싱글브레스트 슈트도 마찬가지임을 잊지 말자.

단독으로 「보그」 표지를 장식한 첫 남성 모델인 스타일스는 옷을 고를 때만큼은 어떤 성별도 될 수 있다고 말했다. "가끔 샵에 가서 여성복을 보면 저도 모르게 감탄하고는 합니다. 다른 상황에서도 마찬가지입니다. 여러분이 스스로의 삶에 장벽을 세우면 그저 자신을 제한하는 꼴이 되죠."

패션에 대한 해리스의 사랑은 경계가 없다. "옷을 가지고 노는 건 정말 재밌습니다."라고 말하며 "옷이 무엇을 의미하는지 깊이 생각해 본 적은 없어요. 제가 창작활동을 할 때 자연스럽게 따라오는 부분일 뿐이죠."라고 덧붙였다.

록펠러 플라자에서 JW 앤더슨 점프슈트를, 브릿 어워즈에서 마크 제이콥스 여성복을, 코첼라에 모인 축제 팬 10만 명 앞에서 무지개색 스팽글 옷을 입는 등 스타일스의 패션에는 한계가 없는 듯하다.

스타일스는 필요하다면 세련된 블랙 슈트를 멋지게 소화해 낼 수 있다. 그러나 카메라와 대중의 시선을 늘 사로잡는 것은 레드카펫부터 무대 위에서까지 스타일스가 보여주는 재미있는 앙상블이다.

# 안나 수이

Anna Sui

**"저는 차려입는 걸 좋아해요.
매일 드레스를 입고 화장을 하고 보석을 두르고 부츠를 신고 사무실에 출근합니다.
매일 런웨이에 선 것처럼 입어요."**

유행은 어떻게 시작되는 걸까. 한 명의 디자이너, 하나의 잡지, 혹은 커튼 뒤 마법사가 만들어 내는 건 아닐 거다. 그러나 안나 수이는 패션계의 흐름을 이끌고, 다음 유행할 스타일에 큰 영향을 미친다는 것을 증명해 왔다.

60년대 디트로이트 교외에서 태어난 수이는 아주 어릴 때부터 패션을 향한 열정을 키웠다. "네 살 때 뉴욕에 처음 왔어요. 이모와 삼촌의 결혼식을 보러 왔었는데 제가 화동이었죠. 그래서 미시간에 돌아왔을 때, 이다음에 커서 뉴욕으로 떠나 패션 디자이너가 되고 싶다고 부모님께 말했어요. 그게 어떤 의미이고 그러려면 어떻게 해야 하는지 알아내는 데 긴 시간이 걸렸고, 하나의 패션 잡지를 통해서 알게 됐습니다. 「라이프」 잡지에서 파슨스디자인스쿨을 졸업한 젊은 두 여성에 관한 기사를 읽었습니다. 그때, 디자이너가 되려면 파슨스에 가야만 한다고 생각했습니다."

꿈에 그리던 학교에서 2년이라는 시간을 보내고 프로의 세계에 입문했다. 스포츠웨어 브랜드인 글렌노라에서 디자이너로 근무하고, 이후 사진작가 스티븐 마이젤의 스타일리스트로 활동했다.

"비록 상식을 벗어난 꿈일지라도 여러분의 꿈에 집중하세요. 디트로이트 교외에 살던 어린 소녀가 어떻게 뉴욕에서 성공할 수 있었을까요? 언제나 꿈을 꿨기 때문입니다."

수이는 뉴욕 무역 박람회에서 옷 여섯 벌로 구성된 첫 번째 컬렉션을 선보였고 그때 메이시스 바이어의 시선을 끌었다. 그 후 10년 동안 거주하던 아파트를 작업실 삼아 디자인 일을 이어 나가던 중 슈퍼모델 린다 에반젤리스타 Linda Evangelista를 비롯한 다른 이들로부터 더 큰 목표에 도전해 보라는 격려를 받았다. 첫 번째 컬렉션으로 1991년에 런웨이를 열었고, 그다음 해 소호에 빅토리아 시대 펑크 콘셉트의 부티크를 열었으며, 나중에는 향수, 화장품, 신발, 액세서리, 인테리어 데코까지 전문 영역을 확장했다.

수이의 그리니치빌리지 아파트는 유니크한 미적 감각의 확장판이다. 중국식 칠보 병풍, 드 고네이 벽지, 주문 제작 벽화, 빅토리아식 파피에 마세 의자 등의 요소를 전부 아우르면서 레이어드, 무늬, 색을 다양하게 이용했다. 안나 수이만이 할 수 있는 조합이다.

수이는 자신의 스타일은 '록스타와 록 콘서트 관중을 한 번에 사로잡는 콘셉트'라고 말한다. 이러한 스타일을 확립하기 위해 빈티지 스타일에서 크게 영감을 얻었고, 적절한 시기에 꺼내 쓸 수 있도록 여행하면서 아이디어를 수집했다.

"쇼핑이랑 원단을 좋아해요. 원단을 보는 순간 어떤 옷으로 만들면 좋을지 바로 그려져요. 이제는 직접 원단과 프린트를 만들 수 있으니 감사하죠. 옛날에는 원단을 일단 찾고 그걸 어떻게 활용할지 상상해야 했거든요. 이젠 제가 직접 만들 수 있게 됐어요."

오늘날, 수이는 8개국에 걸쳐 총 50개 이상의 부티크를 가지고 있다. 셀러브리티 고객으로 셰어, 드루 배리모어 Drew Barrymore, 지지 하디드와 벨라 하디드 Gigi and Bella Hadid, 마돈나가 있다. 1991년부터 지난 38년 동안 84개의 컬렉션을 제작하고 뉴욕에서 유명한 가먼트 디스트릭트에서 활동했다.

"제가 처음 일을 시작했던 때를 생각하게 만드는 곳이에요. 그 동네의 초보 디자이너들은 사업가 기질을 발휘해 원단을 어디서 구할지 고민하고, 바느질할 사람을 찾아 발 벗고 나서죠. 기어코 비즈니스를 성장시킬 방법을 찾아내는데, 저는 그 과정을 보는 게 참 재미있어요."

미국패션디자이너협회 CFDA가 수여하는 페리 엘리스 뉴 탤런트상, CFDA 제프리 빈 평생 공로상 등을 수상했다. 또한, 수이의 작품은 런던패션직물박물관에 전시되어 있다.

"쇼핑을 통해 새로운 아이템을 구경하고 발견하는 일이 정말 좋아요. 그렇게 찾아낸 '하나'는 항상 다른 것으로 이어지고는 하죠. 연구도 마찬가지입니다. 저는 앞으로도 계속 새로운 걸 배우고 싶어요. 배운 것들에 관해 이야기하거나 자랑하는 것도 좋아합니다. 저에게 창작이란 곧 그런 게 아닐까요."

# 틸따 스윈튼

Tilda Swinton

**"몸의 움직임에 제대로 반응하는 옷은 거의 없습니다.
다만, 하이더 아커만은 움직임을 위해, 몸을 위해, 제스처를 위해 디자인된 느낌이에요."**

틸다 스윈튼은 카멜레온이다. 보는 이의 시선을 단번에 사로잡지만 맡은 배역에 성공적으로 몸을 숨길 수 있는 그는 분명 독보적인 존재이다.

예순이 넘은 스윈튼은 30년 넘는 세월 동안 스크린을 빛냈다. 1992년 출세작인 영화 《올란도 Orlando》에서 수백 년을 남성으로 살다가 여성이 된 캐릭터로 열연한 후, 성별의 경계를 넘나드는 앤드로지너스 스타일을 대표하는 배우로 자리잡았다.

「W」 매거진과의 인터뷰에서 "일주일 예쁜 것보다 한 시간 동안 잘생긴 게 낫다."라며 데이비드 보위와 아버지 존 스윈튼 경 Maj. Gen. Sir John Swinton의 영향력을 언급했다.

신비로운 분위기와 외계인 같은 외모로도 유명한 스윈튼은 "패션에 있어서는 그냥 본능대로 해요. 그거면 충분해요."라고 말했다.

2008년 오스카 시상식에서 논란이 됐던 검은색 실크 드레스, 베니스 영화제의 라임그린 블레이저 드레스, SAG 시상식의 은은한 흰색 여신 드레스 등. 뭐가 됐든 스윈튼의 스타일은 반짝 유행에 휘둘리지 않는다. 너무 뻔해서 지루한 스타일과는 거리가 멀다.

2021년 칸 영화제 의상들도 하나같이 이목을 집중시켰다. 출연작 다섯 편이 초청되어 영화별로 각기 다른 패션을 선보였다. 《프렌치 디스패치 The French Dispatch》 포토월에 시원한 파란색의 블레이저와 하이더 아커만의 시가렛 팬츠를 입고 패션 아이콘이라 불리는 티모시 샬라메와 나란히 섰다.

랑방, 샤넬, 발렌티노, 비오네 등 지난 몇 년간 보여준 레드 카펫 룩은 식상함과 거리가 멀다. 다양한 스타일의 에클레틱 슈트, 몸매를 강조하는 드레스, (보통 웨이브를 많이 넣거나 퐁파두르 스타일의 금발 혹은 붉은 색의) 아이코닉한 숏커트헤어가 특징인 스윈튼의 패션도 '나이를 거스르는 스윈튼의 존재'처럼 시대를 초월하는 것 같다.

# 안드레 리언 탤리

Andre Leon Talley

**"저는 패션을 위해 살지 않습니다.
아름다움과 스타일을 위해 삽니다."**

"이런 커리어와 삶을 누리게 될 줄은 몰랐습니다. 사실 그런 야망이나 동기가 없었거든요. 사람들이 제 안에 있는 무언가를 봐주었기 때문에 이런 삶을 살 수 있었습니다. 어떤 자리를 얻기 위해 로비를 하거나, 줄을 서거나, 계획하지도 않았죠. 사람들은 제 재능, 아우라, 성격, 지식을 보고 제게 다가오고는 합니다. 앞으로도 그들이 저를 떠올렸을 때 '패션, 스타일, 문화, 역사'에 능통한 사람으로 기억해 주기를 바랍니다."

안드레 리언 탤리처럼 강렬한 존재감을 내뿜는 사람은 일할때든 아니든 평생 주목받기 마련이다. 노스캐롤라이나 더럼의 할머니 집에서 자란 탤리는 어린 시절, 가장 좋아하는 잡지를 보는 것을 잠깐의 도피처로 삼았다. "「보그」는 더럼 밖의 세계로 가는 입구였어요. 문학 세계, 예술 세계, 엔터테인먼트 세계로 저를 데려다 줬죠."

탤리는 브라운대학교에서 프랑스 문학을 공부했다. 이후 앤디 워홀이 설립한 「인터뷰」 잡지사의 접수원으로 시작해 차근차근 경력을 쌓아 「보그」 편집장 자리까지 올랐다. 파리의 「W」 매거진에 잠시 근무하기는 했지만, 수십 년간 「보그」를 집이라고 불렀다.

"제가 이 자리까지 올 수 있었던 이유는 지식을 갖추고 있었기 때문입니다. 판사 주디 Judge Judy가 늘 말하듯, 사람들이 '저를 곁에 두려는 이유는 외모 때문이 아니에요.' 제 힘이 필요해서입니다. 지식이 결국 힘이기 때문입니다."

물론 「보그」의 첫 흑인 남성 크리에이티브 디렉터로 일하는 건 큰 도전이었다.

"그런 인종차별을 어떻게 극복할 수 있었을까요? 혼자 속으로 조용히 씨름하다가 나중엔 무시했습니다. 저에게는 가족과 믿음이 있었고, 다이애나 브릴랜드 Diana Vreeland와 존 페어차일드 John Fairchild가 있었기 때문입니다."

다큐멘터리 《안드레가 전하는 복음 The Gospel According to André》과 저서 『A.L.T.: 회고록 A.L.T.: A Memoir』을 통해 탤리의 삶과 커리어가 연대 순으로 빠짐 없이 기록되었다. 그러나 일반 대중은 미국 《도전! 슈퍼모델 America's Next Top Model》에서 자체 제작 망토와 카프탄을 걸친 시크한 심사위원으로 탤리를 기억하고 있을 것이다.

"저처럼 허리 통이 넓은 거구의 남자에게 옷은 그리 중요하지 않을 거라 다들 생각하겠죠. 하지만 우리 훌륭한 디자이너들이 만들어 준 망토와 카프탄을 피팅하는 데만 해도 시간을 엄청나게 들였어요."

세계적인 아이콘인 탤리는 오바마 대통령과 영부인이 백악관에 있는 동안 스타일링을 담당했다. 또한, '입생로랑, 카를 라거펠트, 팔로마 피카소 Paloma Picasso의 가까운 친구'로도 알려져 있다. 그의 따뜻한 성품과 패션 전문가로서의 절대 권위는 계속 회자될 것이다.

세상은 탤리를 어떻게 기억 할까? 그가 남긴 업적만 봐도 답은 충분하지만 탤리는 이렇게 말한다. "다른 이들이 삶늘 잘 이해하고 잘 살아갈 수 있게 도움을 줬던 사람으로 남고 싶어요"

# 탸일렄 떠 클릐에이텨

Tyler, the Creator

**"늘 환하고 밝은 LA는 생동감이 넘치는 도시입니다.
인구가 너무 많거나, 사람들로 인해 어수선하지도 않죠.
그래서 이렇게 쨍한 컬러의 옷을 입어도 잘 어울립니다."**

타일러 더 크리에이터는 약 15년 전, 힙합 크루 오드 퓨처Odd Future 의 멤버로 음악계에 입성했다. 힙합 아티스트인 그는 할머니 집에 머무르며 그룹 굿즈를 디자인하기 시작했다. 그렇게 만들어진 오드 퓨처 굿즈는 지금 3백 개 이상의 가게와 오드 퓨처 전용 샵에서 판매되고 있다.

홀로서기 후 지금껏 정규앨범 여섯 장을 발매했으며 2020년에 그래미상까지 받은 타일러는 2011년, 패션 여정의 다음 단계인 의류 브랜드 골프 왕을 런칭하며 이렇게 말했다. "골프 왕으로 우리는 가장 쿨한 티셔츠, 가장 쿨한 후드 티, 가장 쿨한 다용도 조끼를 만들 겁니다." 2017년에는 스웨터와 슬랙스 등을 파는 골프 르 플레르를 런칭했다.

"타일러 더 크리에이터 굿즈를 만들 생각 없었어요. 제 얼굴을 굿즈에 넣는 것도 싫었어요. 어쩔 수 없이 두세 번 넣기는 했지만요. 골프 왕을 굿즈라고 부르는 사람도 있는데, 굿즈가 아니라 옷입니다. 브랜드이고 체계를 갖춘 비즈니스예요. 굿즈라고 부르지 마세요."

파리 패션 위크에 참가하지도 않고 레드 카펫을 좀처럼 빛내지도 않지만, 의류 라인 운영에 진지하게 임한다.

"룩북은 여전히 제가 편집합니다. 음영 처리가 잘됐는지 확인하기도 하고, 아직까지도 사사건건 미친 듯이 신경 씁니다."

타일러 더 크리에이터는 비전을 현실로 만들기 위해 보석디자이너 알렉스 모스Alex Moss 등 신뢰할 만한 사람들에게 의존한다.

"모든 보석이 완벽했으면 좋겠어요. 제가 입는 모든 셔츠가 완벽하면 좋겠어요. 그래서 알렉스만큼 자기 분야에서 장인 정신을 발휘하는 사람을 찾는 것은 멋진 일이에요."

컨버스, 라코스테와 콜라보하고, 에이셉 라키 및 이기 팝Iggy Pop과 구찌 캠페인에 참여했다. "저는 알레산드로 미켈레가 하는 일이 좋았어요. 미켈레가 구찌에 왔을 때, 제 취향과 그냥 거의 일치했어요. 그래서 촬영본들 다 좋았어요. '와 저건 내가 만들었겠는데' 하는 순간들도 있었고요."

패션 디자이너가 되기 위해 그가 걸어온 길은 전통적이지 않다. 그러나 그는 모든 과정에 진심으로 임했다.

"제가 뭘 하고 있는지 몰라요. 색 이론에 관해서도 잘 모르고요. 학교에서 배운 적도 없어요. 그래서 규칙을 몰라요. 뭐가 괜찮고 뭐가 별로인지가 눈에 보일 뿐입니다. 예를 들면 빨간색, 갈색, 보라색이 같이 있으면 너무 싫습니다. 역대 최악의 조합이에요."

이제 갓 서른이 넘은 나이이니 나중에 또 새로운 길을 나설 가능성도 크다. "록 앨범을 발매할지도 모르죠. 안 할 것 같긴 한데, 누가 알겠어요. 아마 나중엔 파란 멀릿컷 스타일을 할지도 몰라요. 가능성이 제일 희박한 일이긴 하지만요."

# 다이애나 브릴랜드

Diana Vreeland

**"자기 스타일이 있는 사람들에게는 공통점이 있어요.
바로 독창성을 지녔다는 것입니다."**

1903년 9월 29일에 태어난 다이애나 브릴랜드는 파리와 뉴욕을 오가며 자랐다. 브릴랜드의 어머니는 그녀에게 '못생긴 작은 괴물'이라고 말하고는 했지만, 장차 수많은 열혈 독자와 업계 전문가가 인정하는 미의 권위자로 성장하게 된다.

브릴랜드는 1920년대 런던에 란제리 부티크를 운영했는데, 당시 고객 가운데 한 명이 월리스 심프슨Wallis Simpson이었다고 전해진다. 남편과 뉴욕에 돌아와 몇 달 뒤, 브릴랜드는 머리에 흰 장미 장식을 하고 하얀 레이스 샤넬 드레스를 입은 모습으로 세인트 레지스 호텔에 방문한다. 이때, 「하퍼스 바자」의 편집장인 카멜 스노우Carmel Snow를 만나면서 일자리를 제안받게 된다.

"스노우 씨, 저는 런던에 있는 작은 란제리 샵을 운영하는 것 외에 다른 일을 해본 적이 없습니다. 평생 사무실에 가본 적도 없어요. 점심시간 전에 옷을 갖춰 입은 적도 없고요."라고 말했다.

그 말에 스노우는 이렇게 대답했다. "그래도 옷에 대해 잘 알고 있는 것 같은데요."

"그렇기는 하죠. 옷 디테일에 시간을 많이 쏟으니까요."

1936년 8월부터 「하퍼스 바자」에서 'Why Don't You?'라는 제목의 칼럼을 쓰면서 패션 에디터의 세계에 들어섰다.

"우리는 코르셋, 벨트 버클, 새로 나온 옷감까지 하나하나 주의 깊게 살펴봤어요. 그것들이 만들어내는 리듬, 음악, 탱고를 느꼈죠. 우리는 패션의 작은 요소까지 한데 모아 완성된 스타일로 바라보는 에디터였어요."

패션 잡지에 비키니 사진을 최초로 실은 사람이 바로 브릴랜드다. 직원들이 노출된 살을 보고 멍해 있을 때 "그런 태도 때문에 문명이 천 년 전으로 되돌아갔네요."라고 말했다.

(브릴랜드가 원래 애버딘(Aberdeen)이라 불렀고 그 부분을 거슬리게 느꼈던) 리처드 애버던Richard Avedon을 비롯한 여러 사진작가와 거의 40년 동안 공동 작업을 했고 안드레 리언 탤리의 패션 커리어 시작을 함께 했다.

그는 「하퍼스 바자」에서 쭉 근무하다가 1963년 1월, 「보그」의 편집장으로 이직했다. 「보그」의 여왕, '브릴랜드'는 언제나 결단력 있는 행동과 신뢰를 주는 루틴을 보여주었다. 그가 얼마나 철저했냐면 늘 머리부터 발끝까지 검은색 차림을 하고 다녔으며, 완벽한 매니큐어 상태를 고수했다. 머리는 절대 움직이지 않게 고정해 두는 것이 기본이었다. 또한, 여러 현명한 격언으로 명성을 얻기 시작했다.

"우아함은 타고난 것이지 옷을 잘 차려 입는 것과는 상관이 없다."

"나르시시즘은 혐오해도 허영심은 찬성한다."

"미친 듯 매력적인 사람이 반드시 외적으로 아름다운 건 아니다."

"살짝 나쁜 취향은 파프리카를 조금 곁들였을 때 음식이 맛있어지는 것과 같다."

1971년, 브릴랜드는 「보그」를 떠났고 1973년 예순아홉의 나이로 메트로폴리탄 미술관의 의상 연구소에 들어가 가장 먼저 발렌시아가 의류 회고전을 맡았다.

브릴랜드는 집과 사무실 벽을 밝은 빨간 페인트로 칠했고, 집이든 사무실이든 최소한 한 곳에는 호피 무늬 융단을 깔아 두고는 했다.

"빨간색은 밝고 튀어서 모든 것을 뚜렷하게 해줍니다. 빨간색에 싫증이 나는 상황은 상상할 수도 없어요. 마치 사랑하는 사람에게 싫증이 나는 것과도 같을 테죠."

브릴랜드는 1989년 8월 2일에 세상을 떠났으며 패션계에 많은 유산을 남겼다. 오늘날에도 많은 이들이 그녀를 기억하며, 존경을 표한다.

"새로운 드레스는 여러분을 어디에도 데려다주지 않아요. 그 드레스를 입고 여러분이 지금 무엇을 하고, 무엇을 했고, 나중에 뭘 할지가 더 중요해요."

# 존 워터스

John Waters

"젊을 때 패션 디자이너의 도움은 필요 없어요. 여러분의 취향이 별로라도 믿어보세요. 동네 중고품 할인 상점에서 저렴한 옷, 즉 여러분보다 살짝 나이가 많고 가장 힙한 사람들 기준에서 유행이 막 지난 옷을 사보세요. 부모님이 아니라 또래의 심기를 거스르는 패션을 선택하세요. 그게 바로 패션 리더가 되는 지름길입니다."

존 워터스는 는 다소 별난 르네상스적 교양인으로 손꼽힌다. 영화 제작자, 배우, 작가, 예술가, 컬트 감독으로 활약했으며 초현실주의 감각을 지닌 걸로 유명하다.

볼티모어 교외에서 자라며 해리스 밀리테드Harris Milstead와 친해졌는데, 그는 워터스가 연출한 몇몇 영화에 영감을 주기도 했다. 또한, 디바인Divine이라는 가명으로 워터스 영화의 주연을 맡기도 했었다. 워터스는 영화 《릴리Lili》를 보고 꼭두각시 인형에 관심을 가지게 된다. 그리고 이후 극장에서 처음 본 영화인 《오즈의 마법사The Wizard of Oz》에 큰 영향을 받은 걸로 알려져 있다.

"《오즈의 마법사》에서 서쪽 마녀 역할을 맡은 마거릿 해밀턴Margaret Hamilton으로 인해 알게 된 것이 한 가지 있습니다. 제가 만든 모든 영화에 등장하는 남녀 주인공들이 다른 사람의 영화에서 때로는 악당이라는 사실입니다. 다른 사람들과 같은 영화를 만들 수 없고, 그들과 맞지 않을 것이라는 걸 깨달았지만 괴롭지 않았죠. 악당들이 훨씬 더 재미있다는 것을 알고 있었으니까요. 물론, 그 사실은 비밀에 부쳐야 하는 사회였지만 말이죠."

그는 볼티모어에서 단편 영화를 찍으며 커리어를 쌓아 나갔다. 뉴욕대학교 재학 중에도 단편 영화를 주로 작업했었지만, 마리화나 복용으로 1966년에 퇴학당했다. 4년 후, 자신의 시그니처인 얇은 콧수염을 처음 길렀다. "히피 포주처럼 옷을 입고 다녔습니다. 머리를 기르고 중고품 할인 상점에서 샀을 법한 우스꽝스러운 셔츠도 입었죠. 콧수염은 제 추잡한 모습과 잘 어울렸습니다." 지금도 메이블린 눈

썹 펜슬로 스타일을 유지하고 있으며 바꿀 계획은 전혀 없다고 한다. "지금 수염을 밀어버리면 분명 자국이나 흉터가 남을 겁니다. 너무 오랫동안 같은 자리에 길렀거든요. 굳이 이제와서 밀어버릴 생각은 없어요."

워터스는 계속해서 과장되고 저질스러운 영화를 만들다가 이후 브로드웨이 뮤지컬로 발전한《헤어스프레이Hairspray》,《사랑의 눈물Cry-Baby》,《시리얼 맘Serial Mom》과 같은 주류 성향이 더 강한 영화를 만들었다.

1990년대에는 미술 쪽으로 눈을 돌린다. 사진을 찍고 설치물을 제작해 전 세계에 전시하기도 했다. 여기에 책도 몇 권 썼다.

워터스가 수년간 예술을 어떻게 표현하든 스타일 감각은 늘 탁월했다. 가와쿠보 레이 파리 패션쇼 런웨이에 서고, 제러미 스콧Jeremy Scott의 2016년 쇼에 영감을 주었으며, 2020년 생 로랑의 새 얼굴이 되었다. 작품들 때문에 별명도 많이 얻었다. '쓰레기 교황', '구토 왕자', '추문 공작' 등이다.

그리고 워터스의 외모를 잊으면 안 된다. "패션은 나에게 매우 중요하다. 지난 20여 년간 나는 '드라이 맡겼다가 망한'것 같은 '룩'을 입고 다녔다."라고 2010년 저서 『롤 모델들Role Models』에서 언급했다. 오랜 시간 가장 좋아했던 옷은 가장 아끼는 솜사탕 핑크색 앙상블과 선명하고 컬러풀한 정장이었다. "제가 제일 좋아하는 옷들 대부분은 이래요. 그 옷을 입었다는 이유만으로 누군가 저를 흠씬 두들겨 팬다고 해도 배심원들조차 그 사람을 이해하고 무죄에 손을 들어줄 겁니다."

# 비비안 웨스트우드

Vivienne Westwood

**"펑크룩은 정말 대단했어요.
역사상 가장 매력적이며 앞으로도 꼭 기억해야 할 스타일이죠.
터무니 없을 정도로 훌륭했습니다."**

여든이 넘은 비비안 웨스트우드는 다음 유행을 선도할 디자인을 하는 것보다 지구를 구하는 것에 훨씬 관심이 많았다.

"저는 늘 정치적으로 논의가 필요한 안건을 가지고 있었습니다. 패션을 이용해 현상을 유지하려는 기존 질서에 도전장을 내밀었고요."

디자이너로서의 틀에 갇혀있지 않고 더 나아가는 모습은 펑크의 어머니인 비비안에게 당연한 일이다.

1941년 더비셔에서 태어나 열일곱 살에 런던으로 이주했고, 패션계 전설이 되기 전에는 교사로 근무했다. 그리고 말콤 맥라렌Malcolm McLaren과 함께 샵을 열었고 그 가게는 수년간 다양한 이름으로 불렸다. 가장 잘 알려진 이름은 단연 '섹스SEX'다. 속박 용품, 플랫폼 슈즈, 슬로건 티셔츠를 팔면서 섹스 피스톨즈Sex Pistols와 손잡고 펑크 패션계의 중심이 되었다.

"우리 샵은 사람들의 스타일을 바꿨어요. 저는 세상을 바꿔보겠다는 듯 펑크에 열정을 쏟아부으며 제가 과연 기존 시스템에 어떤 방식으로든 제동을 거는 게 가능할지 지켜봤죠."

웨스트우드는 1981년 맥라렌과 함께 첫 번째 풀 패션 컬렉션을 선보이며 자신을 스타로 만든 펑크 미학에서 방향을 틀기 시작했다.

"펑크에 흥미를 잃었어요. 시스템을 전복시키는 건 아이디어고, 아이디어는 문화에서 비롯된다는 것을 깨달았거든요."

펑크 대신 17세기와 18세기 스타일을 받아들였다.

"과거와 현재는 똑같이 중요합니다. 그래서 어떤 아이디어든 그때도, 지금도 의미 있다는 걸 직접 증명하고자 했습니다. 이를 위해 역사속 옷을 그대로 복제하기 시작했습니다. 이전에는 어떤 디자이너도 이렇게 한 적이 없었죠. 그들은 역사적인 옷에서 영감을 받았지만, 저

는 그걸 실제로 모방했습니다."

1988년 웨스트우드는 안드레아스 크론탈러Andreas Kronthaler를 만나 30년 넘게 결혼생활을 했고 크론탈러는 2016년부터 그녀의 크리에이티브 디렉터로 활동했다.

"안드레아스는 제가 18세기 코르셋, 크리놀린, 굽이 엄청나게 높은 플랫폼 슈즈, 영국식 테일러링 작업을 마친 직후 저와 함께 일하기 시작했어요."

웨스트우드는 유능한 파트너에게 지휘권을 넘겨줄 수 있어 기뻤다.

"안드레아스는 정말 잘하고 있어요. 이번 「GQ」 매거진 촬영에서도 제 스타일을 맡을 거예요. 덕분에 저는 아무 걱정도 할 필요가 없어요. 매분 매초를 기후 변화에 맞서자는 메시지를 전파하는 데 쓰고 싶어요. 남편이 최대한으로 저를 도와주고 있기도 하고요."

대영제국의 패션 대모인 웨스트우드는 업계에 몸담은 50년간 견고한 유산을 쌓아 올렸다. 고객으로는 두아 리파, 사라 제시카 파커Sarah Jessica Parker, 그웬 스테파니Gwen Stefani, 벨라 하디드, 해리 스타일스 등 수많은 유명 인사가 있다.

"패션은 우리에게 정말 필요해요. 우리 다 같이 벌거벗고 다니자는 게 아니라면 말이죠. 그런데 요즘 조끼 같은 걸 입고 다니는 걸 보면 정말 그렇게 생각하는 것 같기도 하네요. 어쨌든, 우리가 가지고 있는 패션 기술을 지키는 게 정말 중요하다고 생각해요."

삶의 마지막 챕터에서 웨스트우드의 과제는 산업과 인류가 밝은 미래를 맞이하도록 만드는 것이었다.

"패션 사업이 지속 가능했으면 좋겠어요. 플라스틱 문제만 이야기하는 게 아니에요. 아름다운 옷을 적정 가격에 제공했으면 합니다. 그래서 소비자는 신중히 선택하고, 덜 사서, 오래 입었으면 좋겠습니다."

# 젠데이아

*Zendaya*

**"그게 바로 패션과 스타일의 핵심이에요.
모든 사람이 좋아해 줄 수는 없어요.
여러분이 어떤 스타일이 마음에 안 든다면 그것도 괜찮습니다.
모두는 자기 의견을 가질 권리가 있으니까요."**

젊은 여성으로서 하나도 아니고 두 편의 디즈니 시리즈에 출연한 젠데이아는 열세 살 때부터 전업 배우로 활동했다. 오클랜드에서 유년기를 보내며 셰익스피어 페스티벌에서 근무하던 어머니로 인해 연기의 매력을 알게 된 게 시작이었다. 이후 젠데이아는 탄탄한 커리어를 쌓아가고 있다. 《위대한 쇼맨The Greatest Showman》, 《스파이더맨》 시리즈, 공상 과학 명작 《듄》 등 주요 장편에 참여하고 HBO 드라마 시리즈 《유포리아》에서 주인공 역을 훌륭하게 소화한 덕분에 에미상 드라마 부문 최연소 여우 주연상을 받았다.

연기 성공으로 패션계에도 진출할 수 있게 됐다. 2015년 아카데미 시상식에서 멋진 비비안웨스트우드 드레스를 입은 젠데이아를 꼭 닮은 바비 인형이 만들어졌을 뿐만 아니라 랑콤, 불가리, 발렌티노의 앰배서더로도 선정됐다.

"어렸을 때는 저와 닮은 바비를 찾을 수 없었어요. 시대가 많이 변했죠."

2019년, 젠데이아는 타미 힐피거와 콜라보해 타미×젠데이아Tommy x Zendaya 캡슐 컬렉션을 출시했다. 1970년대에서 영감을 받아 다양성을 찬성한다는 의미를 담았다.

"저에게 가장 중요한 건 이 옷이 시대를 초월한 느낌을 주는 것, 그리고 이 옷을 입는 모든 이가 스스로 강하고 자신 있다고 느끼게 만드는 것입니다. 로 로치Law Roach와 제가 창작의 자유를 전적으로 누릴 수 있도록 허용해 주신 타미와 팀 전체에게 감사드려요. 로와 제가 비전을 수립하는 데 필요한 지원을 해주고 우리의 비전을 완벽하게 실행해 주셨어요."

로치는 오래전부터 젠데이아와 함께해 온 스타일리스트다. 젠데이아가 열네 살이었을 때 처음 만났는데, 둘 다 빈티지 이브생로랑 가방을 좋아한다는 공통점으로 인해 더 가까워졌다.

"늘 패션을 좋아했고, 패션은 저를 표현하는 매우 재미있는 방식임을 알았어요. 저는 스타일에 대해 확고한 취향을 가지고 있고, 로와 함께 일하는 걸 매우 즐겨요."

커리어가 쌓이면서 젠데이아는 앞으로 수년 동안 입을 아이템을 공들여 선별하고 있다.

"옷을 오래 입고 싶어요. 마흔이 되어 어떤 드레스를 다시 입고 제 옷에 대해 물어보는 사람들에게 '이 옛날 옷이요?' 하고 싶어요. 돈을 쏟고 싶은 좋은 빈티지 제품을 열심히 찾고 있어요."

젠데이아는 「인터뷰」 잡지와 「보그」의 표지를 장식했으며, 다양한 잡지에도 등장했다. 「보그」 화보 촬영에는 마르니, 올리비에 테스켄스, 마크 제이콥스, 리처드 퀸, 로에베 등의 브랜드 옷을 입었다.

디렉팅이 관심이 많기는 하나, 앞으로 커리어를 어떻게 발전시킬지 딱 정해진 계획은 없다고 한다. 그저 재정적으로 안정되면 프로젝트를 유연하게 선택할 수 있기를 바라고 있다.

"자신에게 진실하세요. 자신이 누구인지, 무엇을 추구하는지 아는 것이 중요해요. 하지만 성장하는 것을 두려워하지 마세요. 여러분을 진정 행복하게 하는 일에 집중하세요. 직감에 따라 즐거운 일을 하면 다 잘될 거예요.

# 참고자료

## WES ANDERSON

Bateman, Kristen. "Cinematic Style: The Chicest Wes Anderson Fashion Moments." Harper's Bazaar, August 7, 2015, https://www.harpersbazaar.com/culture/film-tv/a11740/chicest-wes-anderson-fashion-film-moments/?utm_campaign=arb_ga_har_md_pmx_us_urlx_17944069560.

Desplechin, Arnaud. "Wes Anderson." Interview, September 30, 2009, https://www.interviewmagazine.com/film/wes-anderson.

Wolf, Cam. "The French Dispatch Red Carpet Put Every 2021 Vibe on Display." GQ, July 13, 2021, https://www.gq.com/story/the-french-dispatch-red-carpet-style.

## IRIS APFEL

Conner, Megan. "Iris Apfel: 'People Like Me Because I'm Different.'" The Guardian, July 19, 2015, https://www.theguardian.com/global/2015/jul/19/iris-apfel-interview-designer-fashion-film.

"Iris Apfel Has a Century's Worth of Advice on How to Define Your Own Style." Vogue, Accessed January 2, 2023, https://www.vogue.com/sponsored/article/iris-apfel-has-a-centurys-worth-of-advice-on-how-to-define-your-own-style.

Sciortino, Karley. "My Beauty: Iris Apfel." MAC Cosmetics, Accessed January 2, 2023, https://www.maccosmetics.com/culture/my-beauty/iris-apfel.

## ERYKAH BADU

Bakare, Lanre. "'I'm Not Sorry I Said It': Erykah Badu on Music, Motherhood, and Wildly Unpopular Opinions." The Guardian, May 24, 2018, https://www.theguardian.com/music/2018/may/24/erykah-badu-interview.

Cristobal, Sarah. "'I'm My Own Audience': Erykah Badu on the Joy in Dressing for Yourself." InStyle, July 18, 2022, https://www.instyle.com/celebrity/erykah-badu-fashion-closets.

Satenstein, Liana. "Erykah Badu on Walking Her First Runway for Vogue World." Vogue, September 13, 2022, https://www.vogue.com/article/vogue-world-runway-erykah-badu-interview.

## DAVID BOWIE

Tashjian, Rachel. "Kansai Yamamoto Designed David Bowie's Costumes—and Was a Legendary Designer in His Own Right." GQ, July 27, 2020, https://www.gq.com/story/kansai-yamamoto-bowie.

Valenti, Lauren. "Here's What David Bowie Kept in His Makeup Bag." Vogue, September 16, 2022, https://www.vogue.com/article/david-bowie-ziggy-stardust-beauty-makeup.

White, Ben. "David Bowie & Mos Def: The Style Council." Complex, January 11, 2016, https://www.complex.com/music/2016/01/david-bowie-mos-def-2003-cover-story.

## THOM BROWNE

Florsheim, Lane. "Thom Browne Can Envision an Entire Season in 5-10 Minutes." The Wall Street Journal, September 5, 2022, https://www.wsj.com/articles/wsjmagazine-com-thombrownemmm-11662129687.

Heller, Nathan. "After a Stellar Paris Show, What's Next for Thom Browne? Heading Up the CFDA." Vogue, October 11, 2022, https://www.vogue.com/article/strong-suit-thom-browne-interview.

Yotka, Steff. "Who Is Thom Browne, the Man Behind the Suit?" Vogue, January 11, 2018, https://www.vogue.com/article/thom-browne-interview-career-personal-life.

## TIMOTHÉE CHALAMET

Greenwood, Douglas. "How Timothée Chalamet Is Ushering in A New Era for Masculinity." British Vogue, September 21, 2019, https://www.vogue.co.uk/arts-and-lifestyle/article/timothee-chalamet-for-new-era-masculinity.

Hattersley, Giles. "The Chalamet Effect: Timothée Talks Fate, Fashion and Being an Old Soul." British Vogue, September 15, 2022, https://www.vogue.co.uk/arts-and-lifestyle/article/timothee-chalamet-british-vogue-interview.

Hess, Liam. "Timothée Chalamet Debuts His Most Daring Red Carpet Look Yet." Vogue, September 2, 2022, https://www.vogue.com/article/timothee-chalamet-bones-and-all-premiere-haider-ackermann.

## CHER

Codinha, Alessandra. "Cher Doesn't Know What You Mean by 'It's Giving Cher.'" Vogue, January 4, 2022, https://www.vogue.com/article/cher-uggs-feel?redirectURL=https://www.vogue.com/article/cher-uggs-feel.

Okwodu, Janelle. "75 of Cher's Most Outlandish, Inimitable Outfits." Vogue, May 20, 2021, https://www.vogue.com/slideshow/cher-style-evolution-75-greatest-fashion-moments.

Tangcay, Jazz. "Cher's 10 Best Looks of All Time, Hand-Picked by Bob Mackie." Variety, May 20, 2021, https://variety.com/lists/chers-10-best-outfits-bob-mackie/prisoner-album-cover-1979/.

## QUANNAH CHASINGHORSE

Allaire, Christian. "The Thrilling Ascent of Model Quannah Chasinghorse." Vogue, September 9, 2021, https://www.vogue.com/article/quannah-chasinghorse-indigenous-model-profile.

Mailhot, Terese Marie. "Quannah Chasinghorse Is on a Mission." Elle, December 14, 2021, https://www.elle.com/fashion/a38388562/quannah-chasinghorse-interview/.

Mazzone, Dianna. "Model Quannah Chasinghorse Gave Us a Tour of Her Alaska Hometown." Allure, February 10, 2022, https://www.allure.com/story/model-quannah-chasinghorse-hometown-interview.

## EMMA CORRIN

Mescal, Paul. "What You Should Know About Emma Corrin." Interview, December 5, 2022, https://www.interviewmagazine.com/culture/what-you-should-know-about-emma-corrin.

Specter, Emma. "Emma Corrin on Fluidity, Fun, and Dressing Up to Stand Out." Vogue, July 6, 2022, https://www.vogue.com/article/emma-corrin-august-2022-cover.

Thorne, Will. "Meet Emma Corrin, The Crown Star Bringing Princess Diana to Life for a New Generation." Variety, November 12, 2020, https://variety.com/2020/tv/features/the-crown-emma-corrin-princess-diana-1234829272/.

## DAPPER DAN

Adler, Dan. "Dapper Dan Wants to Understand Every Angle." Vanity Fair, July 10, 2019, https://www.vanityfair.com/style/2019/07/dapper-dan-memoir-interview?redirect URL=https%3A%2F%2Fwww.vanityfair.com%2Fstyle%2F2019%2F07%2Fdapper-dan-memoir-interview%3Futm_source%3DVANITYFAIR_REG_GATE&utm_

source=VANITYFAIR_REG_GATE.

Nas. "Dapper Dan on Gucci, Gangsters, and His Unstoppable Fashion Empire." Interview, May 5, 2018, https://www.interviewmagazine.com/fashion/dapper-dan-gucci-interview.

William Cohen, Trace. "Dapper Dan Shares Insights from His Decades of Influence in New Interview." Complex, October 7, 2022, https://www.complex.com/style/dapper-dan-claima-stories-interview.

## BILLIE EILISH

Burke, Sinéad. "Oscar Nominees Billie Eilish and Finneas on Fashion, Freedom, and Finding Their Voice for Bond." Vanity Fair, February 17, 2022, https://www.vanityfair.com/hollywood/2022/02/awards-insider-billie-eilish-finneas-interview.

Smith, Thomas. "Billie Eilish: 'I Owe it to Everyone to Put on a Good Glastonbury Show.'" NME, June 24, 2022, https://www.nme.com/big-reads/billie-eilish-cover-interview-2022-glastonbury-festival-3253169.

Snapes, Laura. "'It's All About What Makes You Feel Good': Billie Eilish on New Music, Power Dynamics, And Her Internet-Breaking Transformation." British Vogue, May 2, 2021, https://www.vogue.co.uk/news/article/billie-eilish-vogue-interview.

## PALOMA ELSESSER

Hart, Ericka. "Paloma Elsesser: 'I'm Not Wearing a Stretchy Dress. I'm Wearing Miu Miu.'" i-D, February 21, 2022, https://i-d.vice.com/en/article/qjbw93/paloma-elsesser-interview.

Okwodu, Janelle. "Role Model: How Paloma Elsesser Is Changing Fashion for the Better." Vogue, December 14, 2020, https://www.vogue.com/article/paloma-elsesser-cover-january-2021.

Sevigny, Chloë. "Paloma Elsesser and Chloë Sevigny Do It for the Freaks." Interview, October 26, 2022, https://www.interviewmagazine.com/fashion/paloma-elsesser-and-chloe-sevigny-do-it-for-the-freaks.

## ELLA EMHOFF

"Ella Emhoff, Artist, Model, and Designer, 23." Harper's Bazaar, August 16, 2022, https://www.harpersbazaar.com/culture/a40783090/ella-em-hoff-bazaar-icons-interview-2022/.

Krentcil, Faran. "Ella Emhoff Thinks It's Weird She's Famous, Too." Elle, October 11, 2021, https://www.

elle.com/fashion/celebrity-style/a37886808/el-la-emhoff-interview-fashion/.

O. Harris, Jeremy. "The Rise of Ella Emhoff, Newly Minted Style Star." Interview, April 16, 2021, https://www.interviewmagazine.com/culture/the-rise-of-ella-emhoff-newly-minted-style-star.

## JEFF GOLDBLUM

Heaf, Jonathan. "How Jeff Goldblum Became the Coolest Guy in Hollywood (Again)." GQ, July 5, 2018, https://www.gq-magazine.co.uk/article/jeff-goldblum-interview-2018.

Indiana, Jake. "Jeff Goldblum Is 'A Whirligig of Delight.'" Highsnobiety, Accessed January 2, 2023, https://www.highsnobiety.com/p/jeff-goldblum-interview/.

Ottenberg, Mel. "Jeff Goldblum Calls Mel Ottenberg from His Closet." Interview, January 25, 2022, https://www.interviewmagazine.com/fashion/jeff-goldblum-calls-mel-ottenberg-from-his-closet.

## PEGGY GUGGENHEIM

Amaya, Mario. "Peggy Guggenheim." Interview, October 19, 2011, https://www.interviewmagazine.com/art/peggy-guggenheim.

Felsenthal, Julia. "A New Documentary Takes on the Wild, Strange Life of Peggy Guggenheim." Vogue, November 6, 2015, https://www.vogue.com/article/peggy-guggenheim-art-addict-lisa-immordino-vreeland.

Singer, Olivia. "How, And Why, To Dress Like Peggy Guggenheim." British Vogue, August 25, 2017, https://www.vogue.co.uk/gallery/peggy-guggenheim-style.

## JEREMY O. HARRIS

Hine, Samuel. "Fashion's Favorite Playwright, Jeremy O. Harris, Just Dropped a Clothing line with SSENSE." GQ, December 16, 2020, https://www.gq.com/story/jeremy-o-harris-ssense-works-collab.

Mukhtar, Amel. "Jeremy O. Harris on Professional Pressures, Euphoria, and (Finally) Bringing Daddy to London." Vogue, March 22, 2022, https://www.vogue.com/article/jeremy-o-harris-daddy-london-debut-interview.

Sinclair Scott, Fiona. "Jeremy O. Harris' Met Gala Outfit Was an Homage to Aaliyah." CNN.com, September 13, 2021, https://www.cnn.com/

style/article/jeremy-o-harris-interview-met-gala-aaliyah/index.html.

**EDITH HEAD**

Alexander, Ella. "Google Celebrates Edith Head." British Vogue, October 28, 2013, https://www.vogue.co.uk/article/edith-head-google-doodle-hollywood-costume-designer.

Davis, Allison P. "30 Fantastic Movie Costumes by the Legendary Edith Head." The Cut, October 28, 2013, https://www.thecut.com/2013/10/30-fantastic-movie-costumes-by-edith-head.html.

Duka, John. "Edith Head, Fashion Designer for the Movies, Dies." The New York Times, October 27, 1981, https://www.nytimes.com/1981/10/27/obituaries/edith-head-fashion-designer-for-the-movies-dies.html.

**AUDREY HEPBURN**

Harrison, Timothy. "7 of Audrey Hepburn's Greatest Givenchy Moments On-Screen." British Vogue, May 30, 2020, https://www.vogue.co.uk/arts-and-lifestyle/gallery/audrey-hepburn-givenchy-film-looks.

Parker, Maggie. "13 of Audrey Hepburn's Most Inspiring Quotes." Time, May 4, 2016, https://time.com/4316700/audrey-hepburn-inspiring-quotes/.

Ramzi, Lilah. "A New Audrey Hepburn Documentary Reveals the Life Beyond the Glamour." Vogue, December 16, 2020, https://www.vogue.com/article/audrey-more-than-an-icon-documentary.

**ELTON JOHN**

Cazmi, Mishal. "Elton John's Top 8 Iconic Outfits Throughout the Years." Hello!, May 24, 2019, https://www.hellomagazine.com/fashion/gallery/20190524127740/elton-john-most-iconic-outfits/1/.

Lambert, Harper. "Elton John Doubles Down on Retirement After 'Farewell Yellow Brick Road' Tour: 'I've Had Enough Applause." The Wrap, October 23, 2021, https://www.thewrap.com/elton-john-retire-after-farewell-road-tour/.

Okwodu, Janelle. "Elton John Remains Music's Most Fantastical Star." Vogue, May 25, 2021, https://www.vogue.com/slideshow/elton-john-style-evolution-fantastical-music-star.

Spencer, Luke. "Elton John's Life in Looks Proves He's Always Had a Flair for Style." Vogue, January

25, 2022, https://www.vogue.com/video/watch/elton-john-life-in-looks.

**GRACE JONES**

Pelley, Rich. "Grace Jones: 'Even if I Stand on My Head, I Still Can't Do It. How These Young Girls Twerk, I Don't Know." The Guardian, September 17, 2022, https://www.theguardian.com/lifeandstyle/2022/sep/17/this-much-i-know-grace-jones-how-these-young-girls-twerk-i-dont-know.

Regensdorf, Laura. "Grace Jones on 'Hippie Acid Love' and the Rain-Soaked Scents of Jamaica." Vanity Fair, September 9, 2022, https://www.vanityfair.com/style/2022/09/grace-jones-boy-smells-candle-interview.

Valenti, Lauren. "Happy Birthday, Grace Jones! 18 Times the Fearless Pop Icon Broke the Beauty Mold." Vogue, May 19, 2022, https://www.vogue.com/article/grace-jones-best-iconic-beauty-looks-shaved-head-flattop-80s-makeup-slave-to-the-rhythm.

**FRIDA KAHLO**

Bowles, Hamish. "Behind the Personal Branding of Frida Kahlo." Vogue, June 18, 2018, https://www.vogue.com/article/frida-kahlo-making-her-self-up-london.

Healy, Claire Marie. "What Frida Kahlo's Clothing Tells Us About Fashion's Disability Frontier." Dazed, June 7, 2018, https://www.dazeddigital.com/fashion/article/40240/1/frida-kahlo-disability-fashion-mexico.

Kahlo, Frida. Frida Kahlo: The Last Interview. New York: Melville House, 2020.

**REI KAWAKUBO**

Betts, Kate. "Rei Kawakubo." Time, February 9, 2004, https://content.time.com/time/specials/packages/article/0,28804,2015519_2015392_2015457,00.html..

Kim, Monica. "Rihanna Shuts Down the Met Gala Red Carpet in Comme des Garçons." Vogue, May 2, 2017, https://www.vogue.com/article/rihanna-met-gala-2017-red-carpet-dress-comme-des-garcons-best-dressed.

Thurman, Judith. "The Misfit." The New Yorker, July 21, 2014, https://www.newyorker.com/magazine/2005/07/04/the-misfit.

Watanabe, Mitsuko. "'The Power of Clothing'

According to Comme des Garçons's Rei Kawakubo." Vogue, May 18, 2021, https://www.vogue.com/article/comme-des-garcons-rei-kawakubo-spring-2021-interview.

**DIANE KEATON**

Allaire, Christian. "Five Looks That Prove Diane Keaton Is in a Style League of Her Own." Vogue, January 5, 2021, https://www.vogue.com/article/diane-keaton-style-icon-best-looks.

Cristobal, Sarah. "Diane Keaton Doesn't Believe She's a Legend." InStyle, July 11, 2019, https://www.instyle.com/celebrity/diane-keaton-august-feature.

Interview. "Diane Keaton Takes Questions from 25 Famous Friends and Fans." Interview, June 11, 2021, https://www.interviewmagazine.com/film/diane-keaton-takes-questions-from-25-famous-friends-and-fans.

**SOLANGE KNOWLES**

Hess, Liam. "Solange's New Art Book Offers a Rare Window into Her Creative Process." Vogue, August 24, 2022, https://www.vogue.com/article/solange-past-pupils-and-smiles-book.

Kwateng-Clark, Danielle. "Billboard to Honor Solange with the 2017 Impact Award." Essence, October 24, 2020, https://www.essence.com/news/solange-knowles-billboard-american-express/.

Sargent, Antwaun. "Solange Knowles Is Not a Pop Star." Surface, January 11, 2018, https://www.surfacemag.com/articles/solange-knowles-is-not-a-pop-star/.

Schultz, Katie. "Solange Knowles Offers a BTS Look at Her Creative Process." Architectural Digest, August 23, 2022, https://www.architecturaldigest.com/story/solange-knowles-offers-a-bts-look-at-her-creative-process.

**SHIRLEY KURATA**

"Editorial." Shirley Kurata, Accessed January 2, 2023, http://shirleykurata.squarespace.com/editorial.

Hallock, Betty. "The Costume Designer at the Center of the Universes." The New York Times, June 7, 2022, https://www.nytimes.com/2022/06/07/style/eeaao-shirley-kurata-costumes.html.

Hunt, A.E. "'I Wanted the Hotdog Universe to Cross Over with the Taxes Universe': Costume

Designer Shirley Kurata on Everything Everywhere All at Once." Filmmaker, April 19, 2022, https://filmmakermagazine.com/114163-interview-costume-designer-shirley-kurata-everything-everywhere-all-at-once/#.Y7NqH-zMJEJ.

## YAYOI KUSAMA

Matsui, Midori. "Yayoi Kusama, 1998." Index Magazine, 2008, http://www.indexmagazine.com/interviews/yayoi_kusama.shtml.

Northman, Tora. "After 10 Years, Louis Vuitton's Second Yayoi Kusama Collab Is Here." Highsnobiety, May 17, 2022, https://www.highsnobiety.com/p/louis-vuitton-yayoi-kusama-teaser/.

Rodgers, Daniel. "Connecting the Dots on Yayoi Kusama's Relationship with Fashion." Dazed, March 22, 2021, https://www.dazeddigital.com/fashion/article/52272/1/yayoi-kusama-polka-dot-japanese-artist-fashion-louis-vuitton-rei-kawakubo.

## SPIKE LEE

Hess, Liam. "Spike Lee's Pink Louis Vuitton Suit Won Cannes Opening Night." Vogue, July 7, 2021, https://www.vogue.com/article/spike-lee-louis-vuitton-cannes-opening-night.

Rothbart, Davy. "Who Inspires Spike Lee? Michael Jackson, George S. Patton, and the Wizard of Oz, Apparently." GQ, February 13, 2016, https://www.gq.com/story/spike-lee-sundance-interview.

Warhol, Andy. "Q & Andy: Spike Lee." Interview." Interview, November 14, 2017, https://www.interviewmagazine.com/culture/q-andy-spike-lee.

## ANTONIO LOPEZ

Backman, Melvin. "Fashion Illustrator Antonio Lopez Sketched His Dreams—and Made Fashion Reality." GQ, October 22, 2019, https://www.gq.com/story/antonio-lopez-fashion-illustrator.

Borrelli-Persson, Laird. "Before There Were Influencers, There Was Antonio, Illustrator Extraordinaire and Arbiter of Style." Vogue, September 5, 2018, https://www.vogue.com/article/antonio-lopez-1970s-sex-fashion-disco-documentary-by-james-crump.

Staff. "Antonio Lopez." Interview, March 23, 2017, https://www.interviewmagazine.com/film/antonio-lopez-1.

## MADONNA

Gay, Roxane and Arianne Phillips. "Madonna's Spring Awakening." Harper's Bazaar, January 9, 2017, https://www.harpersbazaar.com/culture/features/a19761/madonna-interview/.

Naughton, Julie. "Madonna Talks Fashion and Fragrance." Women's Wear Daily, April 16, 2012, https://wwd.com/fashion-news/fashion-features/madonna-talks-fashion-and-fragrance-5858639/.

Sollosi, Mary. "Madonna's Fashion Evolution." Entertainment Weekly, July 5, 2022, https://ew.com/music/madonna-fashion-evolution/?slide=6066967#6066967.

## KRISTEN MCMENAMY

Chamberlain, Vassi. "'I Really Want to Be a Grown-Up, But I Can't': At 56, Kristen McMenamy Remains Fashion's Most Fabulous Eccentric." British Vogue, December 6, 2021, https://www.vogue.co.uk/arts-and-lifestyle/article/kristen-mcmenamy-vogue-interview.

Hess, Liam. "Kristen McMenamy Is More Than Your Favorite Instagram Account." Vogue, August 13, 2021, https://www.vogue.com/article/kristen-mcmenamy-instagram-looks-interview.

## ALESSANDRO MICHELE

Bowles, Hamish. "Inside the Wild World of Gucci's Alessandro Michele." Vogue, April 15, 2019, https://www.vogue.com/article/gucci-alessandro-michele-interview-may-2019-issue.

Cardini, Tiziana. "'This Collection Is a True Act of Love'—Alessandro Michele on His Gucci Ha Ha Ha Collab with Harry Styles." Vogue, June 20, 2022, https://www.vogue.com/slideshow/gucci-ha-ha-ha-harry-styles-capsule.

Foley, Bridget. "Gucci Confirms Alessandro Michele as Creative Director." Women's Wear Daily, January 21, 2015, https://wwd.com/fashion-news/designer-luxury/gucci-confirms-michele-as-creative-director-8127391/.

Sarica, Federico. "Alessandro Michele's Tailoring Revolution." GQ, July 18, 2022, https://www.gq-magazine.co.uk/fashion/article/alessandro-michele-interview-2022.

## PEGGY MOFFITT

Feitelberg, Rosemary. "Peggy Moffitt Says Fashion Is Dead, But She Is Still Getting into It." Women's Wear Daily, March 29, 2016, https://wwd.com/business-news/human-resources/peggy-moffitt-fashion-is-dead-but-she-is-still-getting-into-it-10399621/.

Moore, Booth. "Cultural Touchstone: Peggy Moffitt." Los Angeles Times, March 3, 2013, https://www.latimes.com/fashion/la-xpm-2013-mar-03-la-ig-peggy-20130303-story.html.

Vogue. "Little Miss Moffitt." British Vogue, November 21, 2003, https://www.vogue.co.uk/article/little-miss-moffitt.

## RUPAUL

Phelps, Nicole. "Zaldy Is the Designer RuPaul Wouldn't Go Anywhere Without." Vogue, June 28, 2018, https://www.vogue.com/article/rupauls-drag-race-costume-designer-zaldy.

Shepherd, Julianne Escobedo. "RuPual Runs the World." Spin, April 1, 2013, https://www.spin.com/2013/04/rupaul-runs-the-world-drag-race-supermodel/3/.

Winfrey, Oprah. "Oprah Talks to RuPaul About Life, Liberty and the Pursuit of Fabulous." Oprah.com, Accessed January 2, 2023, https://www.oprah.com/inspiration/oprah-talks-to-rupaul.

## RIHANNA

Hobdy, Dominique. "Rihanna Is Undoubtably a Fashion Icon, Here's Why." Essence, October 27, 2020, https://www.essence.com/celebrity/rihanna-undoubtably-fashion-icon-heres-why/#97402.

Karmali, Sarah. "Rihanna Named Fashion Icon." Harper's Bazaar, March 24, 2014, https://www.harpersbazaar.com/uk/fashion/fashion-news/news/a26353/rihanna-named-fashion-icon/.

Nnadi, Chioma. "Oh, Baby! Rihanna's Plus One." Vogue, April 12, 2022, https://www.vogue.com/article/rihanna-cover-may-2022.

Twersky, Carolyn. "Rihanna Takes Her Baby Bump to the Gucci Front Row." W, February 25, 2022, https://www.wmagazine.com/fashion/rihanna-gucci-milan-fashion-week-baby-bump.

## SIMONE ROCHA

"About." Simone Rocha, Accessed January 2, 2023, https://shop-us.simonerocha.com/.

Carlos, Marjon. "Has Rihanna Finally Found Her Fashion Match in Simone Rocha?" Vogue, September 19, 2015, https://www.vogue.com/

article/rihanna-simone-rocha-trends-fashion-week-london.

Hyland, Véronique. "For Simone Rocha, The Personal Is Sartorial." Elle, May 3, 2022, https://www.elle.com/fashion/a39830827/simone-rocha-interview-2022/.

## A$AP ROCKY

DeLeon, Jian. "Fashion I Like Harry Potter: A Conversation With A$AP Rocky." Complex, February 27, 2015, https://www.complex.com/style/2015/02/asap-rocky-interview-adidas-fashion.

Ehrlich, Dimitri. "A$AP Rocky." Interview, January 7, 2012. https://www.interviewmagazine.com/music/asap-rocky.

Hine, Samuel. "A$AP Rocky Is the Prettiest Man Alive." GQ, May 19, 2021, https://www.gq.com/story/asap-rocky-june-july-2021-cover.

## DIANA ROSS

Branch, Kate. "Diana Ross Shares the Diva Beauty Rules, From Dark Sunglasses to a Signature Scent That 'Sings.'" Vogue, February 2, 2018, https://www.vogue.com/article/diana-ross-baby-love-you-cant-hurry-love-diamond-diana-the-legacy-collection-perfume-fragrance.

Burrow, Rachael. "27 Showstopping Style Moments from Diana Ross." Veranda, March 25, 2021, https://www.veranda.com/luxury-lifestyle/luxury-fashion-jewelry/g35913748/diana-ross-style/.

Valenti, Lauren. "Happy 77th Birthday, Diana Ross! The Pop Icon's Best Beauty Looks of All Time." Vogue, March 26, 2021, https://www.vogue.com/article/diana-ross-best-iconic-beauty-looks-hair-makeup-curls-lashes-lips.

## JULIA SARR-JAMOIS

Bulteau, Mathilde. "Inside Julia Sarr-Jamois' Wardrobe." Vogue France, March 18, 2016, https://www.vogue.fr/fashion/celebrity-wardrobe/diaporama/inside-julia-sarr-jamois-wardrobe-beauty-fashion-interview/26643.

Smith, Celia L. "Closet Envy: Julia Sarr-Jamois." Essence, October 28, 2020, https://www.essence.com/news/closet-envy-julia-sarr-jamois-2/.

"Tips and Insights: Julia Sarr-Jamois." Fashion Journal, August 18, 2014, https://fashionjournal.com.au/fashion/fashion-news/tips-and-insights-julia-sarr-jamois/.

## HUNTER SCHAFER

Baker, Jessica. "Hunter Schafer Is the 2019 Breakout Star We Didn't See Coming." Who What Wear, July 11, 2019, https://www.whowhatwear.com/hunter-schafer-euphoria-interview/slide4.

Mlotek, Haley. "Hunter Schafer Steps into the Light." Harper's Bazaar, December 1, 2021, https://www.harpersbazaar.com/culture/features/a38248731/hunter-schafer-interview-december-2021-january-2022/.

Schafer, Hunter. "This Fashion Week, Gogo Graham and Hunter Schafer Go Home." Interview, February 16, 2022, https://www.interviewmagazine.com/fashion/this-fashion-week-gogo-graham-and-hunter-schafer-go-home.

## JEAN SEBERG

Mills, Bart. "A Show-Biz Saint Grows Up, or, Whatever Happened to Jean Seberg?" The New York Times, June 16, 1974, https://www.nytimes.com/1974/06/16/archives/a-showbiz-saint-grows-up-or-whatever-happened-to-jean-seberg-jean.html.

Millstein, Gilbert. "Evolution of a New Saint Joan." The New York Times, April 7, 1957, https://timesmachine.nytimes.com/timesmachine/1957/04/07/90793155.html?pageNumber=225.

Yaeger, Lynn. "#TBT The Eternal Cool of French New Wave Movie Star Jean Seberg." Vogue, November 13, 2014, https://www.vogue.com/article/jean-seberg-french-new-wave-movies.

## CHLOË SEVIGNY

Gordon, Kim. "Chloe Sevigny." Interview, January 7, 2012, https://www.interviewmagazine.com/film/chloe-sevigny.

Jones, Isabel. "Chloë Sevigny Called Harmony Korine Her 'University.'" InStyle, September 10, 2020, https://www.instyle.com/celebrity/tbt-chloe-sevigny-harmony-korine-relationship.

"Unsurprisingly, Chloë Sevigny Is the Coolest Bride Ever." Vogue, March 30, 2022, https://www.vogue.com/article/chloe-sevigny-cool-bachelorette-getaway.

## HARRY STYLES

Bowles, Hamish. "Playtime With Harry Styles." Vogue, November 13, 2020, https://www.vogue.com/article/harry-styles-cover-december-2020.

Elan, Priya. "How Harry Styles Became the Face of Gender-Neutral Fashion." The Guardian, November 17, 2020, https://www.theguardian.com/fashion/2020/nov/17/how-harry-styles-became-the-face-of-gender-neutral-fashion#:~:text=Styles%20also%20spoke%20about%20his,extended%20part%20of%20creating%20something.%E2%80%9D

Maoui, Zak. "Harry Styles Is the Best-Dressed Musician in the World." GQ, May 20, 2022, https://www.gq-magazine.co.uk/gallery/harry-styles-best-fashion-moments.

Sheffield, Rob. "Harry Styles Celebrates Historic 15-Show Run at Madison Square Garden with Banner Raising." Rolling Stone, September 22, 2022, https://www.rollingstone.com/music/music-news/harry-styles-madison-square-garden-banner-raising-1234597708/.

## ANNA SUI

The Cut. "New York Is Still Inspiring Designer Anna Sui." New York, March 16, 2022, https://www.thecut.com/2022/03/in-her-shoes-podcast-with-anna-sui.html.

"The World of Anna Suit." Anna Sui, Accessed January 2, 2023, https://annasui.com/pages/anna-sui-about-page.

Yotka, Steff. "Anna Sui." Vogue, February 15, 2022, https://www.vogue.com/fashion-shows/fall-2022-ready-to-wear/anna-sui.

## TILDA SWINTON

Cusumano, Katherine. "Tilda Swinton's Style Evolution: A Brief History of Her Unique Looks." W, July 14, 2021, https://www.wmagazine.com/fashion/tilda-swinton-best-red-carpet-fashion.

Egan, Brenna. "Tough Tilda Goes Soft in Lanvin (And We Like!)." Refinery29, January 30, 2012, https://www.refinery29.com/en-us/sag-red-carpet-tilda-swinton-lanvin.

The National Staff. "Style Quote of the Week: Tilda Swinton." The National News, July 13, 2014, https://www.thenationalnews.com/style-quote-of-the-week-tilda-swinton-1.656154.

## ANDRÉ LEON TALLEY

Anderson, Tre'vell. "For More than 40 Years, André Leon Talley Has Influenced Fashion and Culture. But It Wasn't Easy." Los Angeles Times, May 25, 2018, https://www.latimes.com/entertainment/movies/la-et-mn-andre-leon-talley-gospel-film-20180525-story.html.

Barker, Andrew. "Film Review: The Gospel According to André." Variety, September 9, 2017, https://variety.com/2017/film/reviews/toronto-film-review-the-gospel-according-to-andre-1202552967/.

Schuster, Dana. "Fashion's New Man of the People." New York Post, November 10, 2010, https://nypost.com/2010/11/10/fashions-new-man-of-the-people/.

## TYLER, THE CREATOR

Hughes, Aria. "Tyler, the Creator Talks Growing Golf Wang, BET Awards Performance, and His New Love for Vintage Cartier Watches." Complex, July 27, 2021, https://www.complex.com/style/tyler-the-creator-golf-wang-golf-le-fleur-new-album-interview/golf-le-fleur.

Nnadi, Chioma. "Tyler, the Creator Is the Fashion Rebel the World Needs Right Now." Vogue, November 22, 2019, https://www.vogue.com/vogueworld/article/tyler-the-creator-interview-golf-wang-converse-camp-flog-gnaw.

## DIANA VREELAND

Interview. "Life Lessons from Diana Vreeland." Interview, October 21, 2021, https://www.interviewmagazine.com/culture/life-lessons-from-diana-vreeland.

Morris, Bernadine. "Diana Vreeland, Editor, Dies; Voice of Fashion for Decades." The New York Times, August 23, 1989, https://www.nytimes.com/1989/08/23/obituaries/diana-vreeland-editor-dies-voice-of-fashion-for-decades.html?pagewanted=1.

W.S. Trow, George. "Haute, Haute Couture." The New Yorker, May 19, 1975, https://www.newyorker.com/magazine/1975/05/26/haute-haute-couture.

## JOHN WATERS

Hubert, Craig. "John Waters Tells the Story of His Mustache." The New York Times, August 4, 2016, https://www.nytimes.com/2016/08/04/t-magazine/entertainment/john-waters-mustache-director.html.

Rodgers, Daniel. "Filthy and Fabulous! 5 Times John Waters Influenced Fashion." Dazed, April 22, 2021, https://www.dazeddigital.com/fashion/article/52571/1/filthy-and-fabulous-5-times-john-waters-influenced-fashion.

TODAY contributor. "Wizard of Oz still inspiring John Waters." TODAYshow.com, January 10, 2011, https://www.today.com/popculture/wizard-oz-still-inspiring-john-waters-1C9493601.

## VIVIENNE WESTWOOD

Flood, Alex. "Vivienne Westwood: 'Oasis? I Heart It in a Taxi Once and Thought: "Is That It?"'" NME, May 13, 2022, https://www.nme.com/features/film-interviews/vivienne-westwood-oasis-wake-up-punk-interview-billie-eilish-3225121.

Macias, Ernesto. "Life Lessons from Vivienne Westwood." Interview, March 11, 2022, https://www.interviewmagazine.com/culture/life-lessons-from-vivienne-westwood.

Van Den Broeke, Teo. "Dame Vivienne Westwood: 'Boris Johnson Has Never Had an Altruistic Thought. He's Completely Destructive.'" GQ, September 3, 2021, https://www.gq-magazine.co.uk/fashion/article/vivienne-westwood-interview.

## ZENDAYA

Karmali, Sarah. "Zendaya: 'Knowing Who You Are and What You Stand for Is Important.'" Harper's Bazaar, February 11, 2022, https://www.harpersbazaar.com/uk/culture/culture-news/a39044710/zendaya-squarespace-creativity-success/.

Meltzer, Marisa. "'There's So Much I Want to Do': The World According to Zendaya." British Vogue, September 6, 2021, https://www.vogue.co.uk/news/article/zendaya-british-vogue-interview.

Singer, Maya. "With HBO's Euphoria, Zendaya Puts Her Disney Past Behind Her Once and For All." Vogue, May 9, 2019, https://www.vogue.com/article/zendaya-cover-interview-june-2019.

STYLE LEGENDS, REBELS, AND VISIONARIES, illustrated by Bijou Karman, essays by Sara Degonia

Illustrations © 2023 Bijou Karman.
Copyright © 2023 Chronicle Books LLC.
All rights reserved. No part of this book may be reproduced in any form without written permission from the publisher.
First published in English by Chronicle Chroma, an imprint of Chronicle Books, Los Angeles, California.
Korean translation copyright © 2024 by Korean Studies Information Co., Ltd.
Korean translation rights are arranged with Chronicle Books LLC through LENA AGENCY, Seoul.

이 책의 한국어판 저작권은 레나 에이전시를 통한 저작권자와의 독점계약으로 한국학술정보(주)가 소유합니다.
신저작권법에 의하여 한국 내에서 보호를 받는 저작물이므로 무단전재 및 복제를 금합니다.

# 패션스타일, 셀럽의 조건
### 리아나부터 해리 스타일스까지

초판인쇄 2024년 11월 29일
초판발행 2024년 11월 29일

지은이 사라 데고니아
그린이 비쥬 카르만
옮긴이 홍주희
발행인 채종준

출판총괄 박능원
국제업무 채보라
책임편집 조지원
디자인 홍은표
마케팅 안영은
전자책 정담자리

브랜드 크루
주소 경기도 파주시 회동길 230 (문발동)
투고문의 ksibook13@kstudy.com

발행처 한국학술정보(주)
출판신고 2003년 9월 25일 제406-2003-000012호
인쇄 북토리

ISBN 979-11-7318-048-4  03590

크루는 한국학술정보(주)의 자기계발, 취미 등 실용도서 출판 브랜드입니다.
크고 넓은 세상의 이로운 정보를 모아 독자와 나눈다는 의미를 담았습니다.
오늘보다 내일 한 발짝 더 나아갈 수 있도록, 삶의 원동력이 되는 책을 만들고자 합니다.